Jalpa Thakkar
Ketan Vadher
Baljibhai Golakiya

Caracterização de Brinjal utilizando marcadores bioquímicos e moleculares

AF294765

Jalpa Thakkar
Ketan Vadher
Baljibhai Golakiya

Caracterização de Brinjal utilizando marcadores bioquímicos e moleculares

ScienciaScripts

Imprint

Any brand names and product names mentioned in this book are subject to trademark, brand or patent protection and are trademarks or registered trademarks of their respective holders. The use of brand names, product names, common names, trade names, product descriptions etc. even without a particular marking in this work is in no way to be construed to mean that such names may be regarded as unrestricted in respect of trademark and brand protection legislation and could thus be used by anyone.

Cover image: www.ingimage.com

This book is a translation from the original published under ISBN 978-3-659-69645-9.

Publisher:
Sciencia Scripts
is a trademark of
Dodo Books Indian Ocean Ltd. and OmniScriptum S.R.L publishing group

120 High Road, East Finchley, London, N2 9ED, United Kingdom
Str. Armeneasca 28/1, office 1, Chisinau MD-2012, Republic of Moldova, Europe
Printed at: see last page
ISBN: 978-620-8-11999-7

Índice:

Caracterização de Brinjal utilizando marcadores bioquímicos e moleculares

RESUMO

A couve-brinjal (*Solanum melongena* L.) é uma cultura importante e tem uma reputação crescente, sendo atualmente cultivada a nível mundial. É um membro valioso da dieta humana na Ásia, especialmente na Índia, que é um centro de diversidade primário da espécie. A Índia é o segundo país da Ásia em termos de produção de brinjal. Esta cultura apresenta um elevado nível de diversidade morfológica, o que resulta em confusão quanto à sua sistemática, e esta diversidade situa-se ao nível dos géneros, espécies e cultivares.

Os objectivos dos estudos apresentados nesta tese foram a caraterização de genótipos de brinjal com diferentes ferramentas morfológicas, bioquímicas e moleculares. Para revelar a caraterização entre dez genótipos de brinjal, foram registados diferentes caracteres morfológicos como 6 caracteres quantitativos e 15 caracteres qualitativos. Neste, a maior altura de planta foi observada em GOB-1, o maior número de ramos foi observado em KS-331, enquanto o menor foi observado em JBR-3-16. O maior comprimento de fruto foi observado em Pb-Sadabahar, enquanto o genótipo JBOB-04-04 apresentou a menor circunferência do fruto, a menor altura da planta, a maior dispersão da planta e o ângulo agudo da ponta da lâmina foliar, enquanto os genótipos JBR-2-11, Pb-Sadabahar e KS-331 apresentaram corola violeta. No caso do hábito de crescimento, JBCOB-06-08 e GOB-1 apresentavam uma dispersão semi, enquanto JBR-3-16 apresentava um comprimento de pecíolo longo e frutos ovais. O genótipo GBL-1 apresentava espinhos no pecíolo e o ABR-02-23 apresentava lóbulos da lâmina foliar muito fracos. No caso do JBGR-1, verificou-se que este apresentava a maior circunferência do fruto, o menor comprimento do fruto, forma oval, frutos verdes e com espigas na tampa do fruto.

No que respeita aos marcadores bioquímicos, foram utilizadas isoenzimas como a peroxidase, a esterase, a polifenol oxidase e a superóxido dismutase, bem como o perfil proteico, para conhecer os padrões de bandas electroforéticas de dez genótipos diferentes de brinjal através de NATIVE-PAGE.

Foi gerado um total de 8 alelos por isozimas de peroxidase a 9 DAG. A mobilidade relativa variou entre 0,052-0,44 com 37,5% de polimorfismo. Observou-se um total de 6 bandas de isozimas de esterase com uma mobilidade relativa de 0,208-0,406 com 13,71% de polimorfismo. No caso das isoenzimas da polifenol oxidase, observou-se um total de 9 bandas com uma mobilidade relativa de 0,182-0,913, com 66,6% de polimorfismo. Observou-se um total de 6 bandas de isoenzimas de superóxido dismutase com mobilidade relativa entre 0,176-0,891 com 66% de polimorfismo, enquanto a análise do perfil proteico mostrou uma mobilidade relativa de um total de 7 bandas na gama de 0,272 a 0,965 com 71% de polimorfismo. Foi efectuada uma análise combinada de isoenzimas e perfis de proteínas. Foi revelado que o genótipo JBR-2-11 apresentou a maior variabilidade em relação aos outros genótipos. Isso também foi obtido pela isoenzima peroxidase e em estudos combinados de isoenzimas.

Os sistemas de marcadores RAPD, ISSR e SSR foram aplicados aos genótipos de brinjal. Para os dados RAPD, obteve-se um valor r de 0,868, que se situa na melhor escala. O dendrograma construído com os dados RAPD distinguiu claramente todos os genótipos. Revelou que JBOB-04-04 e Pb-Sadabahar se encontravam num único grupo e partilhavam um máximo de 77% de semelhança; no entanto, o genótipo GOB-1 foi separado dos outros 9 genótipos e partilhava um mínimo de 56% de semelhança. No caso dos dados ISSR, foi obtido um valor r de 0,871, que se situa numa boa escala. O coeficiente de similaridade de Jaccard variou entre 0,680 e 0,930. Os resultados do ISSR indicaram que a semelhança máxima de 92,8% foi encontrada entre Pb-Sadabahar e JBGR-1, enquanto a semelhança mínima de 56,5% foi obtida entre GOB-1 e GBL-1. Relativamente aos dados SSR, foi obtido um valor r de 0,911, que se situa na melhor escala, e o coeficiente de similaridade de Jaccard variou entre 0,636 e 1,000. Assim, os dados SSR revelaram que JBOB-04-04 apresentou uma variabilidade máxima em comparação com os outros nove genótipos. A análise combinada de RAPD, ISSR e SSR revelou que, dos dez genótipos, JBOB-04-04 e GOB-1 apresentaram uma semelhança máxima (83,3%). A menor similaridade, de 63%, foi encontrada entre GBL-1 e GOB-1. O genótipo GOB-1 tem uma forma de fruto oblonga com uma cor púrpura-escura e também apresenta a maior altura de planta. Este genótipo foi encontrado sozinho na maioria dos padrões de agrupamento com outros 9 genótipos.

O presente estudo demonstrou que as isoenzimas e os marcadores moleculares foram competentes para distinguir dez genótipos de brinjal.

ACKWOWLEdgEMEWlS

O agradecimento é uma expressão de reconhecimento e de apreço, movida pela gratidão, em relação àqueles cuja ajuda valiosa e consideração pontuaram qualquer empreendimento até à luz do dia.

Considero-me honrado por ter trabalhado sob a orientação do meu orientador d%. b. A. golakiya, Professor e Diretor do Departamento de Biotecnologia, presidente e orientador de investigação do meu comité consultivo. A sua admirável previsão, natureza útil, sentido de disciplina, profundo conhecimento e devoção ao seu trabalho foram sempre uma fonte de inspiração que me ajudou a concluir este estudo. As palavras não são suficientes para exprimir a minha gratidão.

Estou particularmente grato ao meu orientador menor, Dr. S. V. Patel, Professor, Departamento de Biotecnologia, Faculdade de Agricultura, JAf, Junagadh, pelo seu amável conselho durante o meu estudo, pela sua inestimável sugestão e constante encorajamento e supervisão contínua, sem os quais não teria sido possível realizar esta tarefa.

Gostaria de expressar a minha sincera gratidão e agradecimento aos membros do comité consultivo: Dr. M. K Mandavia, Professor, Departamento de Biotecnologia, JAf, Junagadh; Dr. S. M. fpadhyay, Professor e Diretor (Estatística Agrícola), JAf, Junagadh. Agradeço também ao Dr. D. W. Vakharia, Professor, Departamento de Bioquímica, JAf, Junagadh, o seu apoio moral e a sua amável cooperação durante os meus estudos.

Registo igualmente os meus sinceros agradecimentos às autoridades da Universidade Agrícola de Junagadh, ao Dr. W. C. Patel, Vice-Chanceler, ao Dr. C. J. Dangaria, Diretor de Investigação e Reitor da P.Ç. e ao Dr. A. V. Barad, Diretor da Faculdade de Agricultura de Junagadh, por terem disponibilizado as instalações necessárias durante este exame.

Expresso os meus sinceros e sentidos agradecimentos ao Dr. H. P. Çajera, Professor Assistente, Departamento de Biotecnologia, JAf, Junagadh, ao Sr. f. K pandolia, que despendeu muito tempo a ajudar na aquisição dos requisitos laboratoriais e na assistência para completar a investigação num período de tempo limitado, e ao Dr. H. L. dhaduk, Investigador Assistente, Departamento de Botânica Agrícola, JAf. E o dr. J. J. dhruv, departamento de vegetais, AAf, Anand, pela sua ajuda durante o meu trabalho de investigação.

Expresso também os meus sinceros e ilimitados agradecimentos ao Dr. Dhaduk, chefe e investigador da Estação de Investigação de Legumes, JAf, Junagadh, por me ter fornecido sementes de brinjal, e ao Sr. Parmar, funcionário da Agricultura, Estação de Investigação de Legumes, JAf Junagadh, por me ter fornecido informações sobre as plantas de brinjal, as suas caraterísticas e a sua ajuda indispensável.

Aproveito esta oportunidade para exprimir a minha gratidão a todos os funcionários do departamento de tecnologia de Tiotec por proporcionarem um ambiente encorajador e amigável.

*A palavra é o limite para exprimir o espírito coletivo dos meus amigos e colegas, que me apoiaram durante este período! e a sua fantástica companhia, que partilhou todas as alegrias e tristezas com o mesmo zelo e entusiasmo. O meu amigo sénior **disha** & amigo júnior <Rinftal merece uma menção especial e crédito pela sua imensa ajuda e apoio moral durante a persuasão do meu trabalho de investigação. Gostaria de agradecer aos meus colegas Atul, %etan, Sahil, fimar. Maithilee, shefthar e aos meus amigos mais velhos Jayesh, Mahesh, TCitesh, TCardif dheeraj, Tipin e <Priteshbhai, bem como aos meus amigos mais novos Tushar, Jayesh, TCiren, Sacheen, Sadhna, doshni e dharti pela sua ajuda e companhia alegre durante todo o processo de investigação e preparação deste manuscrito, pela sua atitude de apoio constante.*

A génese desta tese só foi possível graças ao amor, à confiança e às bênçãos inesgotáveis que o meu pai Dr. D. K. Thaftfar, a minha mãe J. L. Thaftfar, os meus irmãos mais velhos Mileshbhai, dogeshbhai e a minha querida bhabhi Mrs.

Nem todos podem ser mencionados, mas nenhum é esquecido.

*Por último, mas não menos importante, agradeço ao Todo-Poderoso e ao meu grande zelador, **"Lord Ganesha"**, pelas suas bênçãos para mim.*

Qratefu! e em dívida
('Thaftfar Jaipa %.)

diace: Junagadh

CAPÍTULO - I

INTRODUÇÃO

A couve-brinca ou beringela (*Solanum melongena* L.) é uma importante cultura solanácea das regiões subtropicais e tropicais. O nome "brinjal" é popular nos subcontinentes indianos e deriva do árabe e do sânscrito, ao passo que o nome "beringela" deriva da forma dos frutos de algumas variedades, que eram brancos e se assemelhavam à forma de ovos de galinha. Na Europa, é também designada por beringela (palavra francesa).

A Brinjal pertence à família *Solanaceae* e é conhecida pelo nome botânico *Solanum melongena* L. A família contém 75 géneros e mais de 2000 espécies, das quais cerca de 150-200 produzem tubérculos e pertencem à secção *Tuberarium*. A maioria das espécies (cerca de 1800) não produz tubérculos. Estudos citológicos indicaram que o número cromossómico básico 2n = 24 é o mesmo em quase todas as variedades e espécies.

As variedades de *Solanum melongena* L. apresentam uma vasta gama de formas e cores de frutos, que vão desde a forma oval ou de ovo até à forma de taco longo; e desde o branco, amarelo, verde, passando por graus de pigmentação púrpura até quase preto. A maioria das variedades comercialmente importantes foi selecionada a partir dos tipos há muito estabelecidos na Índia tropical e na China.

O brinjal é muito importante nas zonas quentes do Extremo Oriente, sendo cultivado extensivamente na Índia, no Bangladesh, no Paquistão, na China e nas Filipinas. É também popular no Egito, França, Itália e Estados Unidos. A produção mundial de beringela foi estimada em 32 milhões de toneladas (t) em 2,04 milhões de hectares (FAO, 2007). A principal área de produção é o continente asiático, onde a planta tem uma importância real (Frary *et al.*, 2007).

A Índia e a China são os dois principais países de cultivo de brinjal (Daunay *et al.*, 2001). Na Índia, é uma das culturas hortícolas mais comuns, populares e principais, cultivada em todo o país, exceto em altitudes mais elevadas. É uma cultura versátil adaptada a diferentes regiões agro-climáticas e pode ser cultivada durante todo o ano. É uma planta perene, mas é cultivada comercialmente como uma cultura anual. Na Índia, são cultivadas várias cultivares, dependendo a preferência do consumidor da cor, tamanho e forma do fruto.

Estima-se que a cultura da couve-brinjal na Índia cubra cerca de 8,14% da superfície hortícola, com uma contribuição de 9% para a produção total de produtos hortícolas. A cultura é, em grande medida, cultivada em pequenas parcelas ou como cultura intercalar, tanto para consumo interno como para consumo comercial, por agricultores de toda a Índia. Os principais Estados produtores de beringela são Bengala Ocidental, Orissa, Bihar, Gujarat, Maharashtra, Karnataka, Uttar Pradesh e Andhra Pradesh. A área e a produção dos principais Estados indianos produtores de brinjal são indicadas no quadro 1.1 (FAO, 2007).

A Brinjal é uma planta que gosta de calor, com uma temperatura de crescimento ideal entre 22-30°C, e tem um hábito de crescimento ereto e compacto, folhas grandes e flores perfeitas (Nothmann, 1973).

A autogamia ou autopolinização é a forma habitual de fertilização, embora a polinização cruzada também seja possível por insectos até 48%. Por conseguinte, é classificada como uma cultura de polinização cruzada frequente, com uma estrutura floral heteromórfica designada por heterostilia. O cruzamento ocorre principalmente com a ajuda de insectos (Frary *et al.*, 2007). A planta é uma planta bienal, mas geralmente é cultivada como uma planta anual.

A couve-brinjal é uma planta nativa do subcontinente indiano, sendo a Índia o provável centro de origem (Gleddie *et al.*, 1986a). Assim, como planta nativa, o fruto não maduro da Brinjal é amplamente utilizado na cozinha indiana, consumido como vegetal cozinhado de várias formas; por exemplo, o fruto da Brinjal grelhado e amassado, misturado com cebolas, tomates e especiarias, constitui o prato indiano baingan ka bhartha. Devido à sua natureza versátil e à sua ampla utilização na comida indiana quotidiana e festiva, é frequentemente descrita (sob o nome de brinjal) como o "Rei dos Legumes". É pobre em calorias e gorduras, contém sobretudo água, algumas proteínas, fibras e hidratos de carbono.

Para além de ser utilizada como um importante vegetal, a beringela tem sido amplamente explorada nas medicinas tradicionais. Por exemplo, os extractos de tecidos têm sido utilizados para o tratamento da asma, bronquite, cólera e disúria; os frutos e as folhas são benéficos para a redução do colesterol no sangue. Estudos recentes demonstraram que a beringela possui também propriedades antimutagénicas. Pode bloquear a formação de radicais livres, ajuda a controlar os níveis de colesterol e é também uma fonte de ácido fólico e potássio. O valor medicinal e económico da couve-galega pode ser encontrado na literatura sânscrita (Wang, 2008).

O brinjal é composto principalmente por humidade: 92,7% (Collonnier *et al.*, 2001). Os hidratos de carbono, as proteínas, a fibra e a gordura vêm depois da humidade, com 4,0%, 1,4%, 1,3% e 0,3%, respetivamente. Foi relatado que, em média, as cultivares de brinjal de frutos oblongos são ricas em açúcares solúveis totais, enquanto as cultivares de frutos longos contêm um teor mais elevado de açúcares redutores livres, antocianina, fenóis, glicoalcalóides (como a solasodina), matéria seca e proteínas amídicas (Bajaj *et al.*, 1979). Um elevado teor de antocianinas e um baixo teor de glicoalcalóides são considerados essenciais, independentemente da forma como o fruto vai ser utilizado. O amargor da couve-brincadeira deve-se à presença de glicoalcalóides, que se encontram amplamente presentes nas plantas da família *Solanaceae*. Os teores de glicoalcalóides nas cultivares comerciais indianas variaram entre 0,37 mg/100 g de peso fresco e 4,83 mg. A vitamina A e C são também componentes importantes desta composição química. O ácido glutâmico e o ácido aspártico são os dois aminoácidos encontrados em maior quantidade.

Os métodos clássicos utilizados para a caraterização de cultivares de brinjal baseiam-se principalmente nas expressões fenotípicas de diferentes partes da planta. Por conseguinte, no presente estudo, foram observadas poucas caraterísticas morfológicas para diferenciar os genótipos de brinjal.

Atualmente, as caraterísticas morfológicas são geralmente utilizadas para diferenciar as cultivares de brinjal. No entanto, a caraterização baseada em caraterísticas fenotípicas não é fiável, uma vez que estas podem ser afectadas pelas condições ambientais. Para a caraterização morfológica, a planta tem de ser cultivada até à fase de floração ou frutificação, o que consome muito espaço e tempo. Por conseguinte, é desejável desenvolver testes de identificação de cultivares com base em técnicas bioquímicas ou moleculares.

As isozimas provaram ser marcadores simples e fiáveis, uma vez que a eletroforese de enzimas vegetais é mais rápida do que os testes de campo e pode ser detectada com uma pequena quantidade de extractos de tecidos vegetais. Constitui uma base bioquímica válida para a identificação de variedades e pode ser utilizada como prova legítima de novidade.

Em comparação com os marcadores morfológicos, os marcadores moleculares são dignos de nota porque não são afectados por alterações ambientais ou fases de crescimento, detectam mais variações, não alteram a morfologia e são simplesmente herdados. Entre os marcadores baseados no ADN, os marcadores arbitrários como RAPD ISSR e SSR são úteis para a caraterização molecular, uma vez que não requerem informação prévia sobre o genoma alvo. Estas tecnologias, em particular, têm aplicações importantes em biotecnologia vegetal, melhoramento vegetal, produção de sementes e programas de ensaio de sementes. Tendo em conta o que precede, a presente investigação foi planeada com os seguintes objectivos

1. Registar as variações morfológicas em diferentes genótipos de brinjal.
2. Estudar o padrão do zimograma de quatro isozimas isoladas de vários genótipos de brinjal utilizando PAGE NATIVO.
3. Examinar as plântulas de brinjal quanto à variação do padrão de bandas de proteínas através de eletroforese em gel de poliacrilamida.
4. Avaliar a variabilidade genética entre diferentes genótipos de brinjal utilizando técnicas de marcadores moleculares, *nomeadamente* RAPD, ISSR e SSR.
5. Descobrir a relação filogenética entre os diferentes genótipos de brinjal com base em dados bioquímicos e moleculares.

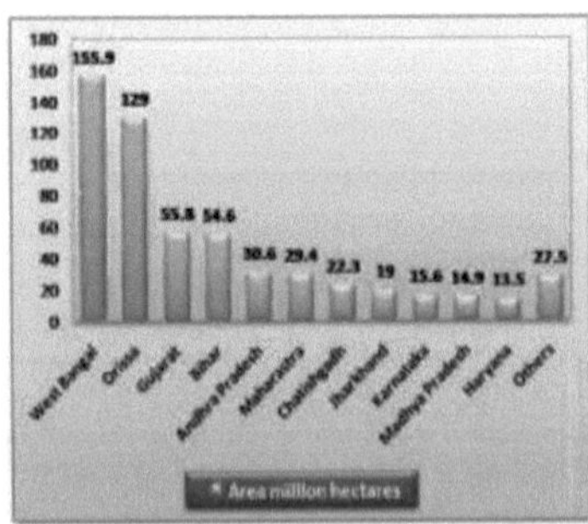

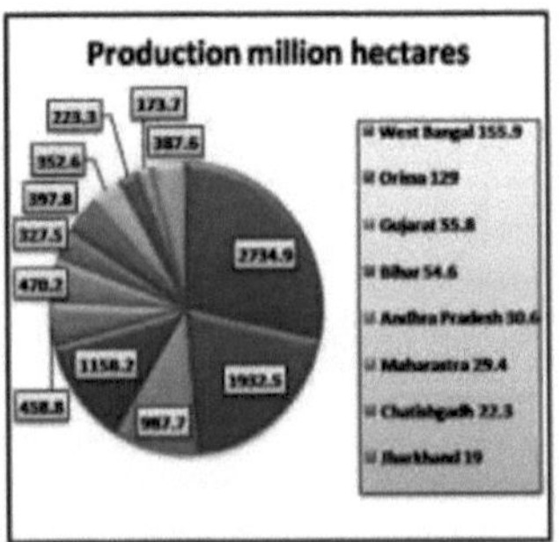

Plaie 1.1 Superfície e produção de brinjal na Índia (FAO 2007)
Quadro 1.1 Área e produção de brinjal na Índia (FAO 2007)

CAPÍTULO - II

REVISÃO DA LITERATURA

A presente revisão é uma tentativa de reunir algumas das descobertas sobre marcadores morfológicos, bioquímicos e moleculares. Para colmatar as lacunas, sempre que necessário, são também incluídas revisões sobre outras culturas. Os aspectos morfológicos, bioquímicos e moleculares foram revistos nos seguintes subtítulos.

2.1   Origem geográfica

2.2   Marcadores morfológicos

2.3   Marcadores bioquímicos

2.4   Marcadores moleculares

2.1   ORIGEM GEOGRÁFICA

A couve-galega é originária do subcontinente indiano, sendo o seu provável centro de origem. O valor medicinal e económico da beringela encontra-se na literatura sânscrita (Kalloo *et al.*, 1993). A Indo-Birmânia, a China e o Japão são os centros secundários de origem da beringela. A beringela é cultivada no sul e no leste da Ásia desde a pré-história, mas parece ter-se tornado conhecida no mundo ocidental. O primeiro registo escrito conhecido da beringela encontra-se na antiga literatura agrícola chinesa (Wang, 2008). Os numerosos nomes árabes e norte-africanos para a beringela, juntamente com a ausência de nomes gregos e romanos antigos, indicam que foi introduzida em toda a região mediterrânica pelos árabes no início da Idade Média.

Atualmente, a nêspera é a terceira cultura mais importante da família das solanáceas, a seguir à batata e ao tomate. Existem três variedades botânicas principais da espécie *melongena* (Choudhury, 1976a). A variedade comum de brinjal, cujos frutos são grandes, redondos ou em forma de ovo, está agrupada na var. *esculentum*. Os tipos longos e esguios são incluídos na var. *serpentinum* e as plantas anãs de brinjal são colocadas na var. *depressum*. Existem também muitas espécies selvagens de beringela que transportam muitos genes economicamente importantes. As espécies selvagens de beringela apresentam resistência a pragas importantes que afectam a produção comercial de beringela.

Classificação científica	
Reino:	Plantas
Classe:	Magnoliopsida
Subclasse:	Asterídeos
Encomendar:	Solanales
Família:	Solanáceas
Género:	*Solanum*
Espécies:	***Melongena***
Nome binomial	***Solanum melongena*** **L.**

2.2   MARCADORES MORFOLÓGICOS

Os marcadores morfológicos podem ser um meio eficaz para determinar a relação genética entre genótipos e entre selecções utilizadas em programas de melhoramento de brinjais. Algumas das descobertas relacionadas aos marcadores morfológicos estão resumidas abaixo.

Existe uma grande diversidade morfológica entre variedades de brinjal, cultivares, plantas silvestres e infestantes e entre espécies relacionadas observada para vários caracteres. A cor, o tamanho, a forma e o sabor do fruto foram os traços mais notáveis que mostraram diferenças entre indivíduos (Frary *et al.*, 2007).

As diferenças de cor dos frutos devem-se basicamente a dois pigmentos de cor e aos seus efeitos na aparência e são controlados por mais do que um gene. Estes pigmentos são a clorofila a e b e as antocianinas, que se encontram em quantidades diferentes e que, em combinação, determinam a cor exacta do fruto. Consequentemente, os frutos de brinjal podem ser de cor branca a preta, com um gradiente de púrpura, amarelo e verde. Para além da uniformidade da cor da epiderme das plantas, são possíveis configurações de cor riscada ou manchada (Daunay *et al.*, 2001).

O tamanho dos frutos de brinjal pode variar de gramas a um quilo e o seu comprimento é muito variável. Outro carácter morfológico variável é a forma dos frutos de brinjal. Redondo, em forma de ovo, oblongo, em forma de pera, longo e curvo são alguns exemplos das diferentes formas dos frutos.

Para além destas caraterísticas e diferenças morfológicas, existem também outros traços importantes que apresentam uma grande variedade de brinjais. A cor da flor, a pilosidade, a forma da folha, os espinhos, a resistência a pragas e doenças são mais alguns exemplos (Lawande e Chavan, 1998).

Karihaloo e Gottileb (1995) estudaram os caracteres morfológicos da brinjal e estabeleceram uma relação filogenética fechada entre *Solanum melongena* cultivada e formas superficialmente semelhantes de plantas daninhas (*Solanum insanum*) e selvagens (*Solanum incanum*) existentes no Sul da Ásia. Um total de 29 acessos de *S. melongena*, que incluíam cultivares relativamente avançadas e raças terrestres representativas da diversidade selvagem de atributos morfológicos e agronómicos existentes nestas espécies, demonstrou que o polimorfismo estava efetivamente confinado a apenas 7 acessos, sendo os restantes monomórficos em todos os loci. Todos estes resultados indicaram a arquitetura genética altamente uniforme da brinjal, sugerindo que as espécies têm uma base genética muito estreita e que os três taxa são conspecíficos, apesar de incluírem uma grande diversidade morfológica.

A análise de germoplasma relacionado com a beringela (*Solanum melongena*) a nível morfológico para contribuir para interpretações filogenéticas e utilização de germoplasma foi estudada por Furini e Wunder (2004). Neste estudo, um total de 94 acessos de Solanum, incluindo beringelas e espécies relacionadas, foram caracterizados morfologicamente com base em observações em estufa. Os parâmetros morfológicos foram úteis para avaliar as semelhanças ou diferenças entre os acessos e os dados moleculares foram utilizados para apoiar as conclusões morfológicas. Tendo em conta o tipo de desenvolvimento das plantas e parâmetros como a forma das folhas, a presença ou ausência de espinhos, a cor e o hábito das flores, a cor e a forma dos frutos, etc., foi elaborado um dendrograma. Foi calculado um dendrograma com base nas distâncias genéticas de Dice, utilizando o método de união de vizinhos. A análise foi eficaz na atribuição de um nome de espécie a oito de nove acessos que não estavam previamente classificados e revelou que 14 outros acessos tinham sido incorretamente designados na coleção originalmente recebida.

Prohens *et al.* (2005) estudaram a diversidade morfológica e molecular de uma coleção de 27 acessos de acessos espanhóis de beringela cultivados em campo aberto (cultura de verão) e em estufa (cultura de inverno). Os resultados da caraterização morfológica mostraram que os acessos espanhóis apresentam uma variação importante para a maioria dos traços estudados. A maioria dos caracteres morfológicos não foi muito afetada pelo ambiente de cultivo (campo aberto ou estufa). No entanto, para outros traços, como os relacionados com a pigmentação da planta e das flores, o espinhoso e a forma do fruto, registaram-se diferenças entre ambientes. O estudo da diversidade molecular demonstrou que os acessos de controlo não se diferenciam geneticamente dos acessos espanhóis, o que indica que as beringelas espanholas englobam uma parte importante da diversidade genética presente nesta cultura.

Pathmarajah e Eeswara (2005) estudaram a variabilidade complementar das caraterísticas morfológicas na identificação de cultivares de brinjal entre 16 acessos de brinjal e 3 cultivares disponíveis no Sri Lanka. Foram estudados nove caracteres morfológicos (hábito de crescimento, cor da lâmina foliar, lóbulos da lâmina foliar, curvatura do fruto, distribuição da cor do fruto, % do tipo de flores por planta, número de frutos por infrutescência e dias até à primeira colheita). Três cultivares e seis acessos foram diferenciados pela combinação de caracteres morfológicos qualitativos e o restante foi categorizado em quatro grupos. Todas as cultivares e acessos foram diferenciados exclusivamente pela combinação das caraterísticas morfológicas com impressões digitais de isozimas. Os resultados do presente estudo sugerem que existe variabilidade suficiente na beringela para permitir a utilização da análise isozimática como sistema de identificação de cultivares.

Muniappan *et al.* (2010) realizaram um estudo sobre a divergência genética para avaliar a variabilidade, associação, efeitos diretos e indirectos de oito caracteres morfológicos em trinta e quatro genótipos de beringela. Foi registada uma elevada variação da correlação fenotípica e da correlação genotípica entre os caracteres, nomeadamente o número de ramos por planta, o comprimento dos frutos, a largura dos frutos, o número de frutos por planta, o peso médio dos frutos e a produção de frutos por planta. Os caracteres foram maioritariamente controlados por ação genética aditiva, pelo que se pode inferir que a seleção simples será eficaz para estes caracteres. Os caracteres como o número de ramos por planta, a largura dos frutos, o número de frutos por planta e o peso médio dos frutos apresentaram uma associação positiva e significativa com a produção de frutos por planta. A análise do caminho indicou que o número de frutos por planta e o peso médio dos frutos tiveram efeitos diretos elevados e foram os principais factores que determinaram a produção de frutos por planta.

Bhagowati e Changkija (2010) estudaram a variabilidade genética das raças autóctones de brinjal do distrito de Dimapur, em Nagaland, e as suas práticas tradicionais de cultivo. Obtiveram uma grande variabilidade de raças terrestres nas terras altas de Nagaland. As raças semi-perenes apresentam um enorme potencial e os frutos imaturos possuem também certas propriedades medicinais, de acordo com a crença tradicional. A documentação sistemática e a preservação destes valiosos recursos de germoplasma requerem a atenção imediata das comunidades científicas do país. Na sua investigação, foi estudada a variabilidade genética em relação a certos traços económicos em algumas raças tradicionais de brinjal no distrito de Dimapur, em Nagaland. Na sua investigação, foi registada a variabilidade no que respeita à forma do fruto e a outros caracteres. Entre as raças terrestres estudadas, o comprimento médio máximo dos frutos da raça púrpura longa foi registado como sendo de 17,27 cm e a circunferência média mínima dos frutos de 2,23 cm. Por outro lado, a circunferência média máxima do fruto de 11,15 cm, juntamente com o comprimento mínimo do fruto de 6,12 cm, foi registada para a raça terrestre de brinjal do tipo ovo branco.

2.3 MARCADORES BIOQUÍMICOS

Para além dos dados morfológicos, estão também a ser utilizados dados bioquímicos e outros tipos de dados para a caraterização da família das solanáceas. Estes dados têm sido utilizados classicamente em taxonomia e noutros domínios da ciência.

A experimentação baseada em investigações moleculares foi iniciada há apenas três décadas para esta família (Daunay *et al.*, 2001). Nesta perspetiva, alguns dos primeiros estudos foram efectuados ao nível das proteínas e examinaram as diferenças nos padrões alozimáticos e isozimáticos entre indivíduos (Kaur *et al.*, 2004).

Basicamente, nestes estudos, *Solanum melongena*, vulgarmente conhecida como beringela ou brinjal, foi comparada com as suas formas infestantes e selvagens e com os seus parentes próximos (Karihaloo e Gottlieb, 1995). O objetivo destes estudos era medir a diversidade genética nestes organismos e estes tipos de marcadores foram identificados como sendo especialmente vantajosos para estudos de cultivares.

A PAGE (eletroforese em gel de poliacrilamida) baseia-se na separação de proteínas e aminoácidos com diferentes cargas líquidas e/ou diferentes pesos moleculares e/ou conformações, com base na sua migração a diferentes velocidades através da matriz de géis de amido ou acrilamida. Os tipos de proteínas analisados incluem as proteínas de armazenamento e os isozimas são as diferentes formas moleculares de uma enzima que catalisam a mesma reação, designadas por isozimas. As isozimas representam diferentes genes cujos produtos catalisam a mesma reação.

2.3.1 Peroxidase

Kamel e Ghazy (1973) estudaram a isoenzima das peroxidases em folhas de *Solanum melongena*.

Foram registadas três peroxidases principais designadas por A, B2 e B3 nas folhas de beringela. As peroxidases A, B2 e B3 foram consideradas peroxidases verdadeiras com base no rácio k1:k4. O pH ótimo para as três enzimas foi de 7,0, 6,0 e 6,5, respetivamente.

Autar *et al.* (1976) trabalharam sobre as distribuições subcelulares de isoenzimas em frutos de uma cultivar normal de tomate (*Lycopersicon esculentum* Mill). As enzimas estudadas foram as peroxidases e outras isozimas. As actividades na fração sobrenadante de todas estas enzimas diminuíram durante o crescimento normal do fruto. Nas fracções particuladas, algumas enzimas diminuíram enquanto outras aumentaram a sua atividade.

Panie *et al.* (1993) apresentaram as técnicas de identificação varietal de culturas hortícolas utilizando a eletroforese de isozimas. Foram analisadas várias isozimas peroxidase e outras para padronizar em condições adequadas as idades das plantas, as partes das plantas, a solução de extração da amostra, a concentração do gel e a solução de coloração. As isozimas extraídas com tampão fosfato, p^H 7,5-8,5 de folhas de plântulas com 7 dias de idade apresentaram a melhor expressão de bandas.

Barrera *et al.* (2005) estudaram a caraterização isoenzimática de acessos de *capsicum* da coleção amazônica colombiana, em que duzentos e sessenta e um acessos do gênero *capsicum* foram estudados e avaliados os sistemas enzimáticos polimórficos para peroxidase e outras enzimas. Utilizando a análise de agrupamento, foi caracterizada a variabilidade genética desses acessos. Observou-se o agrupamento das espécies *C. baccatum* e *C. pubescens* e concluiu-se que estes estudos podem ser úteis para futuros estudos ecológicos e evolutivos.

As caracterizações bioquímicas de 64 cabaças pontiagudas foram efectuadas utilizando a isoenzima peroxidase por Khan *et al.* (2006). Foi observada uma vasta gama de diversidade entre os gremplasmas com base nos seus padrões de bandas de isoenzimas de peroxidase. No que diz respeito à atividade isoenzimática, 7 zimótipos electroforéticos da peroxidase foram formados por 11 bandas com diferentes valores de rf, variando de 0,19 a 0,82, 0,38 a 0,69 e 0,15 a 0,95, respetivamente. A ampla faixa de coeficiente de similaridade de 0,0-66,0 encontrada nos padrões eletroforéticos da peroxidase indica ampla diversidade genética entre os acessos. Com base na atividade polimórfica destas enzimas, foram identificadas 27 combinações de zimótipos electroforéticos, cada uma das quais pode ser equiparada a genótipos.

Priscila *et al.* (2008) determinaram a atividade da peroxidase, a partir dos órgãos da cultivar de tomate (Micro-Tom) após 104 dias de desenvolvimento. As actividades totais foram mais elevadas no caule do que nos outros tecidos, enquanto o caule apresentou a atividade mais baixa. A análise de coloração após eletroforese em gel revelou a existência de quatro isoenzimas nas folhas, três nos frutos, mas apenas duas nas raízes e caules.

O estudo de isozimas selecionadas em *capsicum baccatum, capsicum eximium, capsicum cardenasii* e dois híbridos f1 interespecíficos em espécies de *capsicum* foi realizado por Onus (2000). Neste estudo, foi utilizada a técnica padrão de eletroforese horizontal em gel. O gel foi cortado em várias fatias e corado para diferentes sistemas enzimáticos, como a peroxidase e outros. Após a fixação das fatias de gel em glicerol aquoso a 50%, o número e a posição das bandas coradas foram registados. Os estudos electroforéticos indicaram que *C. eximium* e *C. cardenasii* tinham mais alelos em comum entre si do que com *C. baccatum*. Os seus resultados indicam que *C. baccatum* era electroforeticamente distinto de *C. eximium* e *C. cardenasii*. Estes resultados também apoiam a divisão que se baseou predominantemente na cor da corola e em caracteres morfológicos e mostra que enquanto *C. eximium* e *C. cardenasii* pertencem ao grupo de espécies com flores roxas, *C. baccatum* pertence ao grupo de espécies com flores brancas.

2.3.2 Esterase

Pathmarajah e Eeswara (2005) detectaram o complemento da variabilidade das isozimas por eletroforese. Estudaram seis enzimas, incluindo a esterase, em 16 acessos de brinjal e 3 cultivares disponíveis no Sri Lanka. A eletroforese em gel de amido foi utilizada para analisar extractos preparados a partir de tecidos de folhas jovens de plântulas com sete dias de idade cultivadas em condições de estufa. Com base na localização das bandas, 16 acessos e 3 cultivares foram categorizados em três grupos. Combinações únicas de variantes de isozimas de todas as enzimas testadas foram capazes de diferenciar treze acessos e duas cultivares (79%). Os resultados do seu estudo sugerem que existe variabilidade suficiente na beringela para permitir a utilização da análise de isozimas como um sistema de identificação de cultivares.

Barrera *et al.* (2005) realizaram a caraterização isozimática de acessos de *capsicum* da coleção amazônica colombiana, na qual, duzentos e sessenta e um acessos do gênero *capsicum* foram estudados e avaliados os sistemas enzimáticos polimórficos para esterase e outras enzimas. Utilizando a análise de agrupamento, foi caracterizada a variabilidade genética desses acessos. Nela, foram observados agrupamentos das espécies *C. baccatum* e *C. pubescens*, que também apresentaram alta variabilidade, pois não foi encontrado nenhum material idêntico no fenograma, concluindo-se que estes estudos podem ser úteis para futuros estudos ecológicos e evolutivos e que esta variabilidade pode ser utilizada como uma nova fonte de diversidade genética para o melhoramento em variedades comerciais de *capsicum*.

Markova *et al.* (2006) estudaram a expressão de isoenzimas de esterase em 1272 sementes que foram utilizadas para estimar a hibridez do tomate. As sementes individuais (440) dos genótipos parentais foram retiradas de diferentes estações experimentais. Os padrões de bandas foram obtidos por meio de eletroforese em bloco vertical em géis de poliacrilamida. Foi estabelecido que a variação quantitativa do locus Est-1 pode ser aplicada para provar a hibridez de sementes de tomate F_1. Este marcador está relacionado com a natureza genética do tomate e não é o resultado da influência ambiental.

2.3.3 Polifenol oxidase (PPO)

Kaur *et al.* (2004) estudaram a diversidade de padrões electroforéticos de enzimas no complexo da beringela. Estudos sobre os padrões electroforéticos de cinco enzimas, como a polifenol oxidase e outras, resultaram na identificação de 10 loci isozimáticos representados por 20 alelos envolvidos no controlo das enzimas acima referidas. O número de fenótipos apresentados num único morfo foi elevado. Os fenótipos mais frequentes foram identificados em S. *melongena,* S. *insanum* e S. *incanum*, indicando uma grande proximidade genética entre os três texas. Os acessos de S. *melongena* apresentaram um elevado grau de homogeneidade dos zimogramas, enquanto as outras duas espécies foram mais diversificadas.

Concellon *et al.* (2004) mostraram a caraterização e as alterações na polifenoloxidase do fruto da beringela (*Solanum melongena* L.) durante o armazenamento a baixa temperatura. A polifenoloxidase (PPO) e a sua atividade de catecolase foram estudadas durante o armazenamento dos frutos. A elevada atividade da catecolase foi observada utilizando 4-metilcatecol. A fração solúvel da PPO foi a forma mais termoestável, bem como a mais ativa, da enzima.

Prabhu *et al.* (2009) observaram diferentes níveis de constituintes bioquímicos, nomeadamente polifenol oxidase, fenóis totais e teor de solasodina, em genótipos derivados de cruzamentos interespecíficos e nos seus progenitores. Foi observado um nível mais elevado de atividade da polifenol oxidase no cruzamento interespecífico. Verificou-se uma correlação clara entre os níveis dos constituintes bioquímicos e a incidência da broca do rebento e do fruto. Este estudo mostrou os parâmetros bioquímicos responsáveis pela resistência, mas também mostrou o desenvolvimento de genótipos superiores com resistência à broca do rebento e do fruto.

Foram realizados estudos sobre a base bioquímica de cinco genótipos de brinjal selecionados na Tamil Nadu Agricultural University, na Índia. Khorsheduzzaman *et al.* (2010) mostraram que poucos genótipos tinham uma quantidade mais elevada de poli fenol oxidase (PPO). Verificou-se uma correlação negativa significativa entre a percentagem de infestação (rebentos e frutos) e o teor de PPO, ao passo que este último estava positivamente correlacionado com o teor de açúcar redutor.

2.3.4 Superóxido dismutase (SOD)

Baoli *et al.* (1998) investigaram que a beringela após enxertia previne doenças, aumenta o rendimento, e enxertou em raízes de beringela, caules, folhas e flores de diferentes órgãos de polifenol oxidase (PPO), superóxido dismutase (SOD) e isozimas de esterase (EST). Os resultados mostraram que a resistência da beringela enxertada e as alterações das isoenzimas estavam estreitamente relacionadas, apresentando bandas caraterísticas para o aparecimento de algumas zonas resistentes e susceptíveis que desapareceram ou diminuíram, tendo as alterações das isoenzimas PPO sido significativamente mais elevadas do que as da SOD e EST.

Quatro isozimas de SOD foram observadas por Babitha *et al.* (2002) em plântulas de milheto. Três delas (SOD -1, 2 e 4) eram SOD de Cu/Zn, enquanto a isozima SOD-3 era Mn-SOD. Após a inoculação com *Sclerospora graminicola,* a intensidade de todas as quatro isoenzimas de SODs aumentou nos genótipos resistentes.

Priscila *et al.* (2008) determinaram a atividade das isoenzimas da superóxido dismutase (SOD) dos órgãos de cultivares de tomate após 104 dias de desenvolvimento. As atividades totais foram maiores no caule do que nos demais tecidos. A análise de coloração após eletroforese em gel revelou a existência de quatro isoenzimas SOD nas folhas, três nos frutos, mas apenas duas isoenzimas nas raízes e caules.

2.3.5 Perfil de proteínas

Panie *et al.* (1993) estudaram as técnicas de identificação varietal de culturas hortícolas utilizando a eletroforese de proteínas e isozimas de sementes. Analisaram a padronização em condições adequadas das idades das plantas, partes das plantas, solução de extração de amostras, concentração do gel e solução de coloração. A proteína extraída com tampão fosfato, p^H 7,5-8,5 de folhas de plântulas com 7 dias de idade mostrou a melhor expressão de bandas.

Hasan *et al.* (1998) estudaram a variabilidade da beringela (*Solanum melongena* L.) e das espécies selvagens mais próximas, revelada pela eletroforese em gel de poliacrilamida das proteínas das sementes. Foi realizado um estudo para determinar e distinguir os genótipos da beringela (*Solanum melongena* L.) e das espécies selvagens mais próximas através da eletroforese em gel de poliacrilamida com dodecilsulfato de sódio (SDS-PAGE) das proteínas solúveis das sementes. Cinquenta e quatro acessos de grupos cultivados e selvagens de beringela foram submetidos à análise. Os resultados dos padrões de bandas electroforéticas mostraram que houve uma grande variação dentro e entre grupos de beringela em termos de números, tamanhos, posições, intensidades de coloração e presença ou ausência de bandas proteicas no perfil, que podem ser utilizadas para a caraterização e identificação de cultivares de beringela.

Sayed *et al.* (1998) determinaram e distinguiram os genótipos de beringela (*Solanum melongena* L.) e as espécies selvagens mais próximas através de SDS-PAGE de proteínas solúveis de sementes. Cinquenta e quatro acessos de grupos cultivados e selvagens de beringela foram submetidos à análise. Os resultados dos padrões de bandas electroforéticas mostraram que houve uma grande variação dentro e entre grupos de beringela em termos de números, tamanhos, posições, intensidades de coloração e presença ou ausência de bandas proteicas no perfil, que podem ser utilizadas para a caraterização e identificação de cultivares de beringela.

Patel *et al.* (2001) mostraram que a eletroforese tem sido uma técnica muito útil na taxonomia química de variedades de sementes que diferem muito pouco em caracteres morfológicos. Esta técnica é muito útil para sementes experimentais de tamanho pequeno, como a malagueta, o tomate, o brinjal e o bhindi. No seu estudo, as proteínas solúveis foram extraídas com NaCl a 3% e as isozimas de peroxidase foram extraídas com tampão fosfato, 0,1 M (pH 7,2). O zimograma de cada genótipo mostrou que o padrão de bandas de proteínas solúveis era mais eficaz para a identificação de cultivares de malagueta, tomate e bhindi. No entanto, em brinjal, tanto as isozimas de proteína como as de peroxidase podiam ser utilizadas para a identificação da cultivar.

Azeez e Morakinyo (2004) trabalharam na caraterização electroforética de proteínas foliares brutas em genótipos de *Lycopersicon* e *Trichosanthes* de folhas jovens de três genótipos de *Lycopersicon esculentum* (Mill) e de uma cultivar de *Trichosanthes cucumerina var. anguina* (Haines) que foram recentemente colhidas a 50% de floração. As proteínas brutas das folhas foram extraídas e caracterizadas por eletroforese em gel. As bandas de proteínas qualitativas e quantitativas intercultivares mostram algum grau de relação entre os genótipos estudados. Foi discutido o grau de variação das bandas proteicas como medida de divergência genética entre genótipos de *L. esculentum* e *T. cucumerina*.

Zubaida *et al.* (2006) analisaram os perfis proteicos das sementes de 54 acessos pertencentes a 11 espécies de 2 géneros diferentes (*Solanum* e *Capsicum*) da família Solanaceae por SDS- PAGE. A relação intra e interespecífica foi estimada usando o índice de similaridade de Jaccard. Um dendrograma baseado em UPGMA revelou o estatuto genérico de *Solanum* e *Capsicum*. *S. surattense* com flores brancas apresentou variações em relação a *S. surattense* com flores roxas, não só morfologicamente, mas também com base em perfis proteicos.

Amini *et al.* (2007) estudaram as alterações do padrão proteico no tomate sob stress salino in vitro, através da investigação das alterações induzidas pelo sal no proteoma, o que permitiria destacar genes importantes devido a uma elevada resolução da separação de proteínas por eletroforese em gel bidimensional. As alterações induzidas nas proteínas das folhas e das raízes sob tratamentos de stress salino foram analisadas por SDS-PAGE unidimensional. As proteínas das folhas foram também analisadas por eletroforese bidimensional em gel 2-DE. O SDS-PAGE mostrou a indução de pelo menos cinco proteínas com pesos molares de 30, 62 e 75 kD nas raízes e 38 e 46 kD nas folhas. No gel 2-DE, mais de 400 pontos de proteínas foram detectados de forma reprodutível.

Elizabeta *et al.* (2008) efectuaram perfis proteicos de sementes de tomate de subespécies (*subsp. Cultum* Brezh., *subsp. Subspontaneum* Brezh. e *subsp. Spontaneum* Brezh.) e analisaram-nos através da técnica SDS-PAGE. As diferenças qualitativas nos electroforogramas das proteínas totais das sementes referem-se a fragmentos de proteínas na zona A e a fragmentos de proteínas na zona C. As diferenças qualitativas nos electroforogramas das proteínas solúveis das sementes referem-se ao fragmento proteico da zona A. As diferenças qualitativas nos electroforgramas de proteínas não solúveis de sementes referem-se a fragmentos de proteínas com pesos moleculares de 210 kda, 85 kda, 67 kda e 26 kda.

Elham *et al.* (2010) caracterizaram oito variedades de tomate com base nas proteínas de armazenamento de sementes por eletroforese. O padrão electroforético da proteína solúvel em água produziu 4 bandas monomórficas, 6 bandas polimórficas e 3 bandas únicas. O padrão das proteínas não solúveis produziu 9 bandas, uma das quais é única e considerada uma banda positiva específica da variedade de tomate cartago e as outras são bandas polimórficas. Os marcadores de proteína SDS das proteínas hidrossolúveis e não solúveis produziram um dendrograma e pode concluir-se que a proteína SDS é importante para a análise genética e indica uma quantidade considerável de diversidade genética entre as diferentes variedades estudadas de Lycopersicum esculentum L.

2.4 MARCADORES MOLECULARES

Os marcadores moleculares têm funcionado como instrumentos versáteis e têm sido utilizados com eficácia em diversos domínios, como a taxonomia, a fisiologia, a embriologia e a engenharia genética. Os marcadores moleculares como RAPD, ISSR e SSR podem ser utilizados no melhoramento, MAS, cartografia, impressão digital, genética populacional e estudos filogenéticos (Nunome et al., 2002). Um desafio para a investigação da beringela é que, apesar de a utilização de marcadores moleculares para estudos filogenéticos estar bem estabelecida, muito poucos estudos descreveram o desenvolvimento de novos marcadores para a beringela. Algumas das descobertas relacionadas com marcadores moleculares são analisadas a seguir.

2.4.1 ADN polimórfico amplificado aleatoriamente (RAPD)

Em 1990, foi desenvolvido um novo ensaio de polimorfismo do ADN que se baseia na amplificação pela reação em cadeia da polimerase (PCR) de segmentos aleatórios de ADN, utilizando iniciadores simples de sequência arbitrária de nucleótidos. O fragmento de ADN amplificado é designado por marcadores RAPD.

Karihaloo *et al.* (1995) efectuaram uma análise RAPD em 52 acessos de *S. melongena* e formas infestantes relacionadas, conhecidas como *"insanum"*, e concluíram que, apesar de *S. melongena* e *insanum* serem morfologicamente muito diversas, já não é adequado distingui-las taxonomicamente.

Nunome *et al.* (2001) mapearam as caraterísticas de desenvolvimento da forma e da cor dos frutos da beringela (*Solanum melongena* L.) com base em RAPD. Construíram um mapa de ligação da beringela utilizando uma população F2 derivada de um cruzamento entre uma linha de reprodução, EPL-1, e uma linha introduzida, WCGR112-8, da Índia. As duas linhas parentais apresentaram respostas contrastantes a várias caraterísticas patológicas. As linhas parentais foram analisadas com 1.232 iniciadores aleatórios para RAPD. O mapa de ligação mostrou 88 loci RAPD.

Klein-Lankhorst *et al.* (2004) utilizaram um conjunto de 11 iniciadores de decâmeros de oligonucleótidos, cada iniciador orientado para a amplificação de uma "impressão digital" de fragmentos de ADN específica do genoma. Comparando as "impressões digitais" de *L. esculentum*, *L. Pennellii* e da linha de substituição do cromossoma 6 de *L. esculentum* LA1641, que transporta o cromossoma 6 de *L. pennellii*, foi possível identificar diretamente três marcadores RAPD específicos do cromossoma 6 entre o conjunto de fragmentos de ADN amplificados. Verificou-se que um dos marcadores RAPD estava estreitamente ligado ao gene de resistência aos nemátodos.

Chen e Wang (2006) trabalharam sobre a variação genética na união de enxertos de beringela. A análise RAPD de calos na união homo e hetero enxerto revelou a presença de bandas específicas da união do enxerto, enquanto as bandas específicas do dador estavam ausentes na união hetero enxerto. Isto sugeriu a ocorrência de variação genética na união do enxerto e que a enxertia pode ter potencial como abordagem de melhoramento.

Koundal *et al.* (2006) avaliaram a diversidade genética baseada em RAPD em brinjal *(solanum melongena)*. Foi caracterizado um total de 38 acessos de brinjal, incluindo uma espécie selvagem, *Solanum sisymbrifolium*. Dos 45 iniciadores utilizados para gerar perfis RAPD, foram obtidos padrões reprodutíveis com 32 iniciadores e 30 (93,7%) destes detectaram polimorfismo. Obteve-se um total de 149 bandas, das quais 108 (72,4%) eram polimórficas.

Singh *et al.* (2006) identificaram a diversidade genética no género *Solanum (Solanaceae)*, revelada por marcadores RAPD. Entre 28 acessos de beringela que representam um total de cinco espécies. Foram colhidas 28 amostras de beringelas em diferentes partes do país. Obteve-se um total de 144 produtos amplificados polimórficos a partir de 14 iniciadores de decâmeros que discriminaram todos os acessos. O resultado da similaridade indicou a presença de um elevado nível de diversidade genética nas beringelas e um dendrograma construído pelo método UPGMA mostrou que *S. incanum* estava mais próximo de *S. melongena*, seguido de *S. nigrum*.

Rajput *et al.* (2006) estudaram técnicas baseadas na PCR para detetar polimorfismos em plantas. Utilizaram 60 iniciadores RAPD e confirmaram a reprodutibilidade. Cada experiência foi efectuada 50 vezes, tendo sido examinada a reprodutibilidade de duas técnicas populares de marcadores moleculares (RAPD e SSR). Para cada técnica, foi escolhido um sistema ótimo, que tinha sido normalizado e utilizado por rotina. Os resultados obtidos foram comparados com os do gerador original. Os RAPD revelaram-se difíceis de reproduzir. Os alelos SSR foram amplificados, mas foram obtidas pequenas diferenças no seu tamanho.

Biswas *et al.* (2009) investigaram a relação genética entre dez variedades promissoras de beringela utilizando marcadores RAPD. Foram selecionados 21 iniciadores, dos quais quatro foram escolhidos. Com estes iniciadores, foram obtidos 76 fragmentos claros e brilhantes, dos quais 44 fragmentos foram considerados polimórficos. A proporção de loci polimórficos e os valores de diversidade genética em todos os loci foram de 57,89% e 0,23, respetivamente. O dendrograma UPGMA baseado na distância genética segregou as dez variedades de beringela em dois grupos principais.

2.4.2 Repetição de sequência inter-simples (ISSR):

Os primers ISSR (Zietkiewicz *et al.*, 1994) constituíram um instrumento eficaz para a análise genética. Os marcadores ISSR têm sido utilizados em muitas espécies para estudos de impressão digital e filogenéticos, marcação de genes e cartografia (Trojanowska e Bolibok, 2004). Os ISSR parecem estar dispersos de forma bastante uniforme no genoma das plantas, embora se suponha que apresentem uma frequência mais elevada em regiões específicas (hot spot de repetições de sequências simples).

Kochieva *et al.* (2002) analisaram marcadores ISSR para o estudo da diversidade genética e das relações filogenéticas em 54 acessos selvagens e cultivares do género *Lycopersicon*. A análise envolveu 14 iniciadores ISSR homólogos a repetições de microssatélites e contendo nucleótidos de ancoragem selectivos adicionais. No total, foram amplificados 318 fragmentos ISSR para os genomas de tomate selvagem e cultivado. O polimorfismo interespecífico revelado com os primers ISSR foi de 95,6%. Foram detectados fragmentos ISSR específicos para cada espécie de tomate. O número mais elevado (mais de 20) de fragmentos específicos da espécie foi obtido para *L. esculentum*, embora a variação intra-específica dos padrões ISSR tenha sido baixa.

Isshiki *et al.* (2008) observaram variações de ISSR em berinjela (*Solanum melongena* L.) e espécies relacionadas de *Solanum*. Estudaram oito cultivares e 12 acessos. Foi obtido um total de 552 bandas amplificadas polimórficas a partir de 34 dos 100 primers testados, e a percentagem de polimorfismos foi de 99,1%. A análise de agrupamento baseada nos marcadores ISSR classificou as espécies de *Solanum* em grupos específicos. Os marcadores ISSR obtidos por alguns dos 34 iniciadores foram suficientes para distinguir as oito cultivares de beringela.

Toppino *et al.* (2008) estudaram o ISSR de dihaploides androgenéticos revelando herança tetrasómica em híbridos somáticos tetraploides entre *Solanum melongena* e *Solanum aethiopicum* grupo *Gilo*. A segregação de 280 marcadores ISSR (110 específicos de *aethiopicum*, 104 *específicos de melongena* e 66 monomórficos) foi avaliada em 71 dihaploides. De acordo com a constituição genética (simplex/duplex/triplex), quase *64%* dos fragmentos revelaram uma herança tetrasómica e/ou dissómica. No que diz respeito aos fragmentos específicos da espécie, 68% e 4% resultaram inequivocamente de herança tetrassómica e dissómica, respetivamente.

Tiwari *et al.* (2009) trabalharam na caraterização molecular de cultivares de brinjal (*solanum melongena* L.) utilizando marcadores ISSR. A caraterização molecular de 19 cultivares avançadas e variedades autóctones de brinjal foi efectuada com marcadores ISSR. Um total de 23 primers ISSR ancorados e não ancorados produziram 299 fragmentos. Destes, 56 (18,73%) fragmentos ISSR eram polimórficos. Todas as cultivares puderam ser distinguidas com base nos perfis ISSR.

2.4.3 Repetições de sequência simples (SSR):

O primeiro estudo sobre SSRs em beringela concentrou-se na sua adequação como sistema de marcadores para a análise molecular desta planta (Nunome *et al.*, 2002). No estudo, foi construído um mapa de ligação da beringela utilizando marcadores SSR, AFLP e RAPD. Num outro estudo, *Nunome et al.* (2009) examinaram especificamente as repetições de trinucleótidos na beringela. A razão para utilizar trinucleótidos deveu-se à sua maior aptidão para a diferenciação de alelos.

Nunome *et al.* (2002) mostraram a caraterização de microssatélites de trinucleótidos em beringela. Uma pequena biblioteca genómica de inserção de brinjal (*Solanum melongena* L.) foi analisada com oito sondas de trinucleótidos. Predominaram duas repetições de trinucleótidos, (AAC/TTG)n e (ACC/TGG)n, que representaram 84,5% dos microssatélites de trinucleótidos isolados. Um total de 83,5% das repetições de trinucleótidos identificadas continha sete unidades de repetição ou menos. Os insertos dos clones positivos foram sequenciados e foram concebidas 85 sequências de iniciadores de PCR que delimitam as repetições de microssatélites. Para avaliar o polimorfismo, foram utilizadas 11 linhas de S. *melongena* e 11 parentes de *Solanum*. A maioria dos marcadores que detectaram polimorfismo entre linhas *de S. melongena* continha oito ou mais unidades de repetição. O motivo mais frequentemente encontrado em *Solanum* foi (AAC/TTG)n neste estudo. Todos os conjuntos de iniciadores que detectaram produtos de PCR em S. *melongena* produziram produtos de PCR em S. *incanum,* o que está de acordo com a sua relação muito próxima com S. *melongena*.

Saskia *et al.* (2002) geraram marcadores SSR a partir de duas fontes: (1) bibliotecas genómicas selecionadas por tamanho e rastreadas com sondas (AT)n, (CT)n, (GT)n, (ATT)n e (CTT)n. (2) Base de dados GeneBank. Foram concebidos primers para 114 loci e utilizados para a genotipagem de 13 variedades de tomate e três espécies de *Lycopersicon*. Foram utilizados dezoito marcadores para avaliar o polimorfismo entre os genótipos comerciais, tendo-se verificado que constituem uma ferramenta útil para a identificação de cultivares.

Samuel *et al.* (2002) utilizaram marcadores Simple Sequence Repeat (SSR) para a análise genética do tomate. Foram calculadas as semelhanças genéticas entre os genótipos e efectuada uma análise de agrupamento utilizando o software NTSYS. Foi observado um elevado grau de diversidade nos genótipos da Eritreia. Treze dos 15 SSRs eram polimórficos, com 2-5 alelos por marcador. O número médio de alelos por locus SSR situou-se entre 1,0 e 1,4. O dendrograma mostrou dois grandes grupos de genótipos, distinguindo os tipos San Marzano e Marglob. O dendrograma mostrou também as relações genéticas entre os antigos genótipos italianos e os genótipos eritreus em ambos os tipos.

Falcon *et al.* (2008) estudaram a diversidade da beringela *Almagro* e de acessos *andaluzes* com traços morfológicos e marcadores moleculares SSRs com o objetivo de obter uma impressão digital caraterística da beringela *Almagro*. Encontraram dois alelos SSRs exclusivos da beringela *Almagro* e universais para todos os acessos *Almagro*, utilizando descritores morfológicos selecionados e marcadores moleculares específicos que também foram capazes de distinguir a beringela *Almagro* IGP de variedades estreitamente relacionadas. Os SSRs revelaram-se úteis para detetar diferenças entre os acessos *Almagro* e *Andaluzia*, estreitamente relacionados.

Solomon *et al.* (2008) determinaram a diversidade genética de 39 linhas endogâmicas de tomate determinado e indeterminado recolhidas na China, Japão, Coreia do Sul e EUA. Utilizando 35 marcadores polimórficos SSR, foi encontrado um total de 150 alelos com níveis moderados de diversidade e um elevado número de alelos únicos existentes nestas linhas de tomate. O número médio de alelos por locus foi de 4,3 e o conteúdo médio de informação de polimorfismo (*PIC*) foi de 0,31. O agrupamento UPGMA com um valor de similaridade genética de 0,85 agrupou as linhas puras em quatro grupos, onde uma cultivar dos EUA formou um agrupamento separado e mais distante.

Dimitrova *et al.* (2008) isolaram sete clones que continham repetições (CTG)n/(CAG)n (n > 4) através do rastreio do ADN genómico de *Lycopersicon esculentum*. Quatro dos clones continham mais de uma repetição de sequência simples (SSR). Os SSRs foram analisados em várias cultivares de *L. esculentum* após amplificação por reação em cadeia da polimerase (PCR). Não foram observadas variações de comprimento, o que sugere uma estabilidade considerável do locus. Cinco clones eram de regiões transcritas, o que pode explicar a ausência de variações entre cultivares. No entanto, a conservação das repetições CTG foi limitada, uma vez que foram registadas diferenças em alguns loci transcritos entre *L. pennellii* e outras espécies de *Lycopersicon*. Foi observado que, em *Lycopersicon,* a variação das repetições de trinucleótidos pode ser utilizada para a identificação de espécies.

Stagel *et al.* (2008) estudaram o desenvolvimento de microssatélites baseados em genes para mapeamento e filogenia em beringela. A partir de >3.300 sequências de ADN genómico, foram recuperados 50 candidatos contendo SSR adequados para a conceção de iniciadores. Destes, 39 eram funcionais e foram então aplicados a um painel de 44 acessos, dos quais 38 eram variedades cultivadas de beringela e seis eram de espécies relacionadas de *Solanum*. A utilidade dos ensaios SSR para a análise da diversidade e a discriminação taxonómica foi demonstrada através da construção de uma filogenia baseada em polimorfismos SSR.

Jia Chen *et al.* (2009) investigaram a variação genética em 216 populações diferentes de cultivares de tomate (*Solanum lycopersicum* L.), híbridos e linhas de melhoramento de elite utilizando polimorfismo de nucleótido único e marcadores de repetição de sequência simples. Analisaram 47 marcadores, 72,3% eram polimórficos em toda a coleção de 216 genótipos e 51,06-59,57% apresentaram polimorfismos em populações individuais. No entanto, a variação genética foi estreita em todas as quatro populações. A distância genética de Nei variou de 0,0422 a 0,1135 entre populações e de 0,0085 a 0,3187 entre linhas em populações individuais.

Os marcadores de microssatélites genéticos (SSR) foram identificados por Tumbllen *et al.* (2009) a partir de uma biblioteca de etiquetas de sequências expressas de *S. melongena* e utilizados para a análise de 47 acessos de beringela e espécies estreitamente relacionadas. Os marcadores apresentaram um polimorfismo muito bom nas 18 espécies testadas, incluindo 8 acessos de *S. melongena*. Além disso, a análise genética efectuada com estes marcadores mostrou concordância com investigações e conhecimentos anteriores sobre a domesticação da beringela. Espera-se que esses marcadores sejam um recurso valioso para estudos de relações genéticas, impressão digital e mapeamento de genes em berinjela.

Pritesh *et al.* (2010) estudaram a diversidade fenotípica e genética de vinte e cinco cultivares determinadas e indeterminadas de tomate de diferentes localizações geográficas da Índia. Foram utilizados 23 iniciadores SSR para determinar a identidade genética, a diversidade genética e as relações genéticas entre estas cultivares. Em média, foram amplificados 40 alelos com tamanhos de fragmentos que variaram entre aproximadamente 150 e 1000 pb.

CAPÍTULO - III

MATERIAIS E MÉTODOS

O presente estudo sobre a "Caracterização da couve-brócolo utilizando marcadores bioquímicos e moleculares" foi realizado no Departamento de Biotecnologia da Universidade Agrícola de Junagadh (JAU), Junagadh.

3.1 MATERIAL EXPERIMENTAL

As sementes de um total de dez genótipos de brinjal foram colhidas na Vegetable Research Station, Junagadh Agriculture University (JAU), Junagadh, como indicado a seguir.

Quadro: 3.1 Lista de genótipos de Brinjal

1	JBOB-04-04	6	Pb- Sadabahar
2	JBCOB-06-08	7	JBGR-1
3	JBR-3-16	8	GBL-1
4	JBR-2-11	9	KS-331
5	ABR-02-23	10	GOB- 1

3.2 ARTIGOS DE VIDRO E ARTIGOS DE POLIAMIDA

Os artigos de vidro e os artigos de polietileno utilizados eram de marcas correntes, tais como Corning, Borosil ou Schott Duran. Todos os objectos de vidro foram esfregados e lavados cuidadosamente com detergente e depois enxaguados com água da torneira seguida de água destilada. Por fim, foram secos numa estufa antes de serem utilizados.

3.3 QUÍMICOS

Todos os produtos químicos utilizados nas experiências eram de grau analítico de fabricantes padrão como Sigma-Aldrich, E-Merck, Hi-media, Qualigenes e SISCO Research Lab. (SRL), etc. No caso dos produtos químicos finos, de qualidade biológica molecular, foram obtidos em Bangalore Genei Pvt Ltd, Bangalore, MWG biotech Pvt Ltd, Alemanha, XX- Integrated DNA Technologies, EUA.

3.4 EQUIPAMENTOS

Os equipamentos e instrumentos importantes que foram utilizados no presente estudo são enumerados a seguir:

Balança de pesagem	: Citizen, CX 120
Espectrofotómetro UV	: UV tech (pro)
Banho de água quente	: Nova
Unidade de eletroforese em gel	: Atto, Japão (unidade vertical)
Máquina de documentação em gel	: Upland
Medidor de pH	: Elico
Centrifugadora refrigerada	: Plasto, Sigma
Termociclador	: Bio-Rad, EUA.
Forno micro-ondas	: LG India Ltd., Índia.
Forno	: Nova
Gota Pico	: Picodrop (PicoPET01)
Micro-ondas	: IFB
Frigorífico	: Samsung, Voltas

3.5 MARCADORES MORFOLÓGICOS

Foram registadas observações morfológicas de genótipos de brinjal em pé na Vegetable Research Station, JAU, Junagadh, durante Jan-2011. Dez genótipos de brinjal foram cultivados sob práticas culturais padrão e com a dose de fertilizante recomendada. A dose recomendada de pesticidas também foi aplicada às culturas quando se observou o ataque de pragas sugadoras. As observações foram registadas quando os frutos atingiram a maturidade fisiológica.

Como caracteres quantitativos, foram registados a altura da planta (cm), a dispersão da planta (cm), o número de ramos primários (n.º), o peso do fruto (g), o comprimento do fruto (cm) e a circunferência do fruto (cm) das plantas saudáveis em cada repetição.

Como caracteres qualitativos, foram registados o hábito de crescimento da planta, a cor do caule, o comprimento do pecíolo, a cor do pecíolo, a espinha do pecíolo, o lóbulo da lâmina foliar, o ângulo da ponta da lâmina foliar, a cor da lâmina foliar, a cor da corola, a cor do fruto, a curvatura do fruto, a forma do fruto, o comprimento do pedículo do fruto, a espessura do pedículo do fruto e a espinha da capa do fruto de plantas saudáveis em cada repetição.

3.6   PARÂMETROS BIOQUÍMICOS

Para o estudo de parâmetros bioquímicos como isozimas e perfil proteico, as sementes de todos os genótipos foram semeadas nos vasos em condições naturais. As plântulas inteiras foram colhidas após 9th dias de germinação para análise das isoenzimas e do perfil proteico NATIVE.

3.6.1   Extração de amostra para perfil de isozima e de proteína NATIVE

O material foliar de 0,5 g foi triturado em 1,5 ml de tampão fosfato 0,1M 7,2pH com a ajuda de um almofariz e pilão e transferido para um tubo de centrifugação. O conteúdo foi centrifugado a 10.000 rpm durante 10 minutos. O sobrenadante foi recolhido. Este sobrenadante foi utilizado para várias isozimas, bem como para o perfil de proteínas NATIVE.

3.6.2   Reagentes/produtos químicos para a eletroforese em gel de poliacrilamida (Sadasivam e Manickam, 1992)

(a)   Solução-mãe de acrilamida (30%):

Acrilamida 30 %	:	29,2 g.
Bisacrilamida 0,8 %	:	0,8 g.
Água destilada	:	100 ml.

(b)   Stock 1,87 M Tris-HCl (pH-8,6):

1,875 M Tris HCl :		22,7 g pH 8,6.
Água destilada	:	100 ml.

(c)   Stock 0,6 M Tris-HCl (pH-6,7):

0,6 M Tris HCl	:	7,26 g pH 6,7
Água destilada	:	100 ml.

(d)   Tampão de eléctrodos (pH 8,3):

Tampão Tris	:	0,6 g
Glicina	:	2,9 g
Água destilada	:	1000 ml

(e)   Agente de polimerização

    i)   Per sulfato de amónio (APS) 10 %
      (100 mg em 1,0 ml de água destilada, preparada no momento).

    ii)   TEMED (conservar no frigorífico).

(h)   Corante de carregamento do gel:

Azul de bromofenol	: 0.1%
Sacarose	: 0.5%

(i)   Azul de bromofenol:

Solução a 0,5 % W/V em água destilada e ajustada a pH-7,0 com NaOH.

1.1.3   Preparação do gel para Native - PAGE

(a) Gel de separação (8 % para isozimas)

Acrilamida de reserva de 13,3 ml e 8,0 ml de tampão Tris 1,87 M (pH-8,8) foram adicionados ao copo, seguidos de 18,4 ml de água destilada. O conteúdo foi desgaseificado durante cinco minutos. Após a desgaseificação, foram adicionados 180 pl de per sulfato de amónio recentemente preparado, seguidos de 40 p.1 de TEMED. O frasco foi bem agitado e o conteúdo transferido rapidamente para a câmara da unidade PAGE entre as placas de vidro. O gel foi deixado para polimerização (1520 minutos).

(b) Gel de separação (10 % para o perfil proteico)

Foram adicionados ao copo 10 ml de acrilamida da solução de reserva e 8,0 ml de tampão Tris 1,5 M, seguidos de 12 ml de água destilada. O conteúdo foi desgaseificado durante cinco minutos. Após a desgaseificação, foram adicionados 150 l de per sulfato de amónio recentemente preparado, seguidos de 50 l de TEMED. O frasco foi bem agitado e o conteúdo foi rapidamente transferido para a câmara da unidade PAGE entre as placas de vidro. O gel foi deixado para polimerização (15 - 20 minutos).

(c) Gel de empilhamento (4 %)

Foram introduzidos 1,3 ml de solução de acrilamida num copo, seguidos da adição de 2,5 ml de tampão Tris 0,5 M e 6,0 ml de água destilada. Após desgaseificação durante 10 minutos, foram adicionados 50 l de per sulfato de amónio e 30 l de TEMED e bem misturados. A solução foi vertida na câmara da unidade PAGE que contém o gel separador polimerizado. O pente foi colocado no gel de empilhamento e deixado em repouso durante 20 minutos. O pente foi retirado após a polimerização completa sem distorcer a forma do poço. Foram colocados 35 1 de amostra em cada poço com a ajuda de uma micropipeta. Evitou-se a formação de bolhas durante o carregamento. Após o carregamento da amostra, verteu-se o tampão do elétrodo para a unidade de eletroforese. A unidade de eletroforese foi ligada à fonte de alimentação. A corrente foi ligada a 30 mA e 120 volts durante os primeiros 20 minutos, até a amostra atravessar o gel de empilhamento. Em seguida, a corrente foi aumentada para 50 mA até que o corante de rastreio chegasse ao fundo.

(d) Retirar o gel

Quando o corante de rastreio chegou ao fim do gel de corrida após a separação completa das moléculas, a alimentação eléctrica foi desligada. O gel foi cuidadosamente retirado do espaço entre as placas e imerso na solução de coloração com azul de bromofenol contida num tabuleiro. O tabuleiro foi agitado periodicamente para obter uma coloração uniforme, o que se manteve durante pelo menos uma hora. O gel foi descolorado com uma solução de descoloração. O processo foi continuado até o fundo ficar incolor. A mobilidade relativa das diferentes bandas de proteínas foi registada manualmente.

3.6.4 Isozimas Eletroforese

A eletroforese em gel de poliacrilamida nativa foi realizada a temperaturas de 21^0 C.

Imediatamente após a eletroforese, os géis foram incubados na respectiva solução de substrato (Sadasivam e Manikam, 1992). As zonas onde as enzimas estão localizadas no gel serão visualizadas devido ao aparecimento de produtos de reação coloridos. Após um período de incubação suficiente, a reação deve ser interrompida através da adição de uma solução de paragem adequada, seguida da fotografia do zimograma. A posição relativa de cada banda visualizada no gel deve ser desenhada esquematicamente para facilitar a referência.

A extração de enzimas e a coloração para várias isozimas foram utilizadas conforme descrito mais adiante.

3.6.4.1 Peroxidase

Um grama de tecidos vegetais frescos foi extraído em 3 ml de tampão fosfato 0,1 M (pH 7,0) por trituração num almofariz e pilão previamente arrefecidos. O homogenato foi centrifugado a 10.000-12.000 rpm a 4^0 C durante 10 min. O sobrenadante foi utilizado como fonte de enzima no prazo de 24 horas e armazenado em gelo até à realização do ensaio. Foi efectuado um PAGE nativo dos extractos das amostras. O gel foi incubado nas seguintes soluções:

O-dianisidina2	,0 g
Ácido	acético10ml
Metanol40	ml
Água para perfazer100	ml

O peróxido de hidrogénio (3%) foi cuidadosamente adicionado gota a gota no gel até ao aparecimento de bandas azuis brilhantes. Quando as bandas estavam suficientemente coradas, a reação foi interrompida por imersão do gel numa solução de ácido acético a 7% durante 10 minutos (Panie *et al.*, 1993). **3.6.4.2 Esterase**

O material da amostra foi homogeneizado num volume 5 vezes superior de tampão de fosfato de sódio 10 mM (pH 7,0). O homogenato foi centrifugado a 10 000 rpm durante 10 minutos e o sobrenadante foi utilizado como fonte de enzimas. Todas as operações foram efectuadas a $0-4^0$ C. Foi realizado um PAGE nativo dos extractos das amostras. O gel foi incubado numa solução indicada a seguir a 37^0 C durante 20-30 min, no escuro.

Di-hidrogenofosfato de sódio2	,8 g
Hidrogenofosfato dissódico1	,1 g
Sal azul rápido RR0	,2 g
Acetato de a-naftilo0	,03 g
Água para	perfazer200ml

A reação enzimática foi interrompida pela adição de uma mistura de metanol: água: ácido acético na proporção de 10:10:2 (Panie *et al.*, 1993).

3.6.4.3 Polifenol Oxidase (PPO)

O material da amostra foi homogeneizado num volume 5 vezes superior de tampão de fosfato de sódio 10 mM (pH 7,0). O homogenato foi centrifugado a 10 000 rpm durante 10 minutos e o sobrenadante foi utilizado como fonte de enzimas. Todas as operações foram efectuadas a $0-4^0$ C. Foi efectuada uma PAGE nativa dos extractos das amostras. O gel foi incubado na seguinte solução.

Tampão fosfato100	ml
Fenileno diamina1%	(1 g)
Catchol0	,1 g

A reação enzimática foi interrompida pela adição de uma mistura de metanol: água: ácido acético: álcool etílico na proporção de 10:10:2:1 (Concellon *et al.*, 2004)

3.6.4.4 Superóxido dismutase (SOD)

A enzima foi extraída em 0,5 g de material foliar com tampão fosfato 0,1 M (pH 7,5) contendo EDTA 0,5 mM, num almofariz e pilão previamente arrefecidos. O extrato foi filtrado através de um pano de queijo e o filtrado foi centrifugado a 4^0 C durante 15 minutos a 15 000 g. O sobrenadante obtido é referido como o extrato enzimático.

As isoenzimas da SOD foram separadas em géis de poliacrilamida não desnaturante a 10%. Após a eletroforese, as isoformas de SOD foram visualizadas de acordo com o método de Beauchamp e Fridovich (1971). Os géis foram corados em tampão de fosfato de sódio 50 mM, pH 7,8, contendo NBT 0,24 mM e riboflavina 28 µM durante 20 minutos no escuro, seguidos de imersão em tampão de fosfato de sódio 50 mM, pH 7,8, contendo TEMED 28 mM, que foram depois expostos a uma fonte de luz à temperatura ambiente até aparecerem bandas brancas em fundo azul (Priscila *et al.*, 2008).

3.6.5 Perfil proteico

3.6.5.1 Eletroforese de proteínas

A eletroforese foi efectuada em PAGE vertical (gel a 10%, como mencionado anteriormente) a 60 mA durante 2 horas (Sadasivam e Manickam, 1992).

a) Solução de coloração de proteínas: Coomassie brilliant blue R-250, 0,2 g foi dissolvido em 80 ml de metanol e 20 ml de solução de ácido acético. A esta solução foram adicionados 100 ml de água destilada (preparada de fresco antes da utilização).

b) Solução filtrante: 80 ml de metanol, 20 ml de ácido acético e 100 ml de água destilada.

3.7 EXTRACÇÃO DE ADN

O ADN genómico total foi extraído das folhas de plântulas de 9 dias pelo método do brometo de cetil trimetil amónio (CTAB) (Doyle e Doyle, 1990) com algumas modificações.

3.7.1 Preparação de soluções de reserva para reagentes e tampões para extração de ADN

Os reagentes e os tampões para o isolamento do ADN foram preparados de acordo com Oza *et al.* (2008). A composição e o procedimento para a preparação de várias soluções de reserva e tampões são apresentados nos quadros 3.2 e 3.3

Quadro 3.2: Preparação de soluções de reserva para extração de ADN e eletroforese em gel de agarose

Não	Solução	Método de preparação
1	Tris HCl 1M (pH 8,0) 100 ml:	Dissolveram-se 12,11 g de base Tris em 80 ml de água destilada. O pH foi ajustado para 8,0 por adição de HCl concentrado. O volume total foi ajustado para 100 ml. O volume foi colocado num frasco de reagente e esterilizado em autoclave.
2	EDTA 0,5M (pH 8,0) 100 ml:	Dissolveram-se 18,60 g de sal sódico de EDTA em 80 ml de água destilada. O pH foi ajustado para 8,0 pela adição de pastilhas de NaOH. O volume total foi ajustado para 100 ml. O volume foi colocado num frasco de reagente e esterilizado em autoclave.
3	NaCl 5M 100 ml:	Introduziram-se 29,22 g de NaCl num copo; adicionaram-se 50 ml de água destilada e misturou-se bem. Quando os sais se dissolveram completamente, o volume final foi ajustado para 100 ml. O volume final foi ajustado para 100 ml, tendo sido colocado num frasco de reagente e esterilizado em autoclave.

4	Etanol a 80%, 100 ml:	Tomou-se 80 ml de etanol e adicionou-se 30 ml de água destilada, misturou-se bem e colocou-se no frasco de reagente e armazenou-se a 4^0 C.
5	Clorofórmio: Álcool isoamílico (24:1), 100 ml:	Mediram-se 96 ml de clorofórmio e 4 ml de álcool isoamílico, misturaram-se bem e armazenaram-se em frascos de reagentes à temperatura ambiente.
6	Brometo de etídio (10 mg/ml), 1,0 ml:	Adicionou-se 10 mg de brometo de etídio a 1,0 ml de água destilada e manteve-se num agitador magnético para garantir que o corante se dissolvia completamente. Foi dispensado num tubo eppendorf de cor âmbar e armazenado a 4^0 C.
7	Tampão TE 1X, 100 ml Tris HCl 10mM (pH 8,0) EDTA 0,1mM (pH 8,0):	Tomou-se 1,0 ml de Tris HCl (1M), 200_g l de EDTA (0,5M) e adicionou-se água destilada para ajustar o volume final de 100 ml, misturou-se bem, autoclavou-se e armazenou-se à temperatura ambiente.
8	Tampão TBE 5X (1 litro) pH 8,0:	Foram utilizados 54,5 g de base Tris, 27,5 g de ácido bórico e foram adicionados 20 ml de EDTA 0,5M (pH 8,0). O volume final de 1 litro foi ajustado pela adição de água destilada e o pH foi ajustado para 8,0.
9	10% CT AB, 100 ml:	Tomou-se 10 g de pó de CT AB e adicionou-se em água a ferver para dissolver completamente e o volume final foi completado para 100 ml.
10	3M Acetato de sódio, 20 ml, pH 7,0:	Dissolveu-se 8,16 g de sal de acetato de sódio tri-hidratado em água destilada e o volume final foi completado para 20 ml. O pH foi ajustado para 7,0.

Quadro 3.3: Preparação do tampão de extração de ADN

Tampão	Método de preparação
CTAB Tampão de extração (5%), 10 ml	1,0 ml de Tris HCl 1M (pH 8,0), 3,0 ml de NaCl 5M, 0,8 ml de EDTA 0,5 M (pH 8,0) e 5 ml de CTAB 10% e 2,1 ml de água destilada foram colocados num balão e bem misturados. 0,1 ml (1%) de P-mercaptoetanol foi adicionado à mistura imediatamente antes da utilização.

3.7.2 Protocolo de isolamento do ADN genómico

1) 1g de tecidos foliares foi triturado em N líquido$_2$ com a ajuda de um almofariz e um pilão.
2) Foram adicionados 1,5 ml de tampão de isolamento de ADN pré-aquecido (65^0 C) (tampão de extração de ADN CTAB) ao material foliar homogeneizado.
3) Transferir o material homogeneizado para tubos de polipropileno com tampa.
4) Incubar durante 1 hora a 65^0 C num banho de água com agitação suave.
5) Centrifugação a 10000 rpm durante 8 minutos a baixa temperatura (4^0 C).
6) Transferiu-se um ml de fase aquosa para outro tubo novo. Em seguida, adicionou-se um volume de clorofórmio: álcool isoamílico (24:1) previamente arrefecido e misturou-se por inversão durante 15 vezes para assegurar a emulsificação da fase.
7) Centrifugar a 10000 rpm durante 10 minutos à temperatura ambiente.
8) A fase aquosa foi transferida para outro tubo novo.
9) Repetir os passos 6-8 por duas vezes.
10) Adicionou-se um volume igual de isopropanol gelado e 5 pl de acetato de amónio 7,5 M à fase aquosa e manteve-se a -200C durante 15-60 minutos para a precipitação do ADN.
11) Os tubos foram centrifugados a 12000 rpm, 4^0 C durante 20 minutos e o sobrenadante foi eliminado.
12) Depois de remover o sobrenadante, adicionou-se 1,5 ml de álcool a 80% ao sedimento e manteve-se durante 10 minutos com agitação suave.
13) Centrifugou-se a 10.000 rpm durante 15 minutos a 4^0 C.
14) Os tubos foram invertidos e drenados numa toalha de papel. O sedimento foi seco ao ar durante 30 minutos.
15) Cada sedimento foi redissolvido em 200 pl de tampão TE, mantendo-o durante a noite à temperatura ambiente sem agitação.

3.7.3 Purificação de ADN

Para obter uma amostra de ADN sem ARN, a purificação foi efectuada da seguinte forma:

1) Adicionou-se 1 pl de RNase a 200 pl de preparação de ADN bruto.
2) Misturou-se bem e incubou-se a 37^0 C durante 36 minutos.
3) 500 pl de clorofórmio: Adicionou-se álcool isoamílico (24:1) e misturou-se bem 15 vezes até se formar uma emulsão.
4) Centrifugar durante 8 minutos a 8000 rpm.
5) Recolheu-se o sobrenadante, evitando a camada esbranquiçada na interface.
6) O ADN foi reprecipitado adicionando o dobro da quantidade de álcool absoluto.
7) Para sedimentar o ADN, os tubos foram centrifugados durante 20 minutos a 12000 rpm.
8) O sedimento foi lavado com álcool a 80% e seco ao ar durante 30 minutos.
9) O ADN foi novamente dissolvido em 200 pl de tampão TE para utilização posterior.

3.7.4 Análise de gel

A integridade do ADN foi avaliada através da análise do gel de agarose nas etapas seguintes.

3.7.4.1 Produtos químicos utilizados na eletroforese

a) Agarose (Bangalore Genei, Índia)
b) 5 X tampão Tris Borato EDTA (TBE) pH 8,0
c) Corante de carregamento do gel (6X)
d) Brometo de etídio (10mg /ml)
1) Preparar um gel de agarose (0,8%) de 150 ml em tampão 1X TBE (Tris ácido bórico EDTA) contendo (0,5 pg /ml) de brometo de etídio.

2) Carregar 20 pl de amostra de ADN.
3) Carregar uma quantidade conhecida de ADN de fago Lambda não cortado como controlo no poço adjacente.
4) Fazer correr o gel a 50 V durante 1 hora.
5) Visualizar o gel sob luz UV.
6) A presença de uma única banda compacta na banda correspondente do ADN do fago k indica o elevado peso molecular do ADN isolado.

3.7.5 Estimativa da qualidade e quantidade de ADN

Para efetuar a análise baseada na PCR, a concentração de ADN foi determinada pelo Picodrop PET01 utilizando o software v2.08 (Picodrop Ltd., Cambridge U.K). Foram mantidos cinco microlitros de ADN numa ponta transparente aos raios ultravioleta ligada à micropipeta utilizada para medir a qualidade no rácio A $/A_{260280}$. A quantidade foi diretamente indicada como ng.pl-1, que é apresentada na Tabela 3.4. A concentração de ADN foi ajustada para 25 ng/ pl para trabalhos posteriores.

Fig.: 3.1. Pureza do ADN genómico de 10 genótipos de brinjal em gel de agarose a 0,8 %

Quadro 3.4: Pureza e concentração de ADN genómico de brinjal Genótipos

Não	Genótipos	Pureza (rácio A260/A280)	Concentração ng.^l-1
1	JBOB-04-04	1.73	580.83
2	JBCOB-06-08	1.65	479.21
3	JBR-3-16	1.31	307.63
4	JBR-2-11	1.44	451.18
5	ABR-02-23	1.67	745.67
6	Pb- Sadabahar	1.71	262.48
7	JBGR-1	1.71	176.26
8	GBL-1	1.75	305.17
9	KS-331	1.41	145.45
10	GOB- 1	1.70	323.84

3.8 MARCADORES MOLECULARES

Para a caraterização dos genótipos de brinjal, foram utilizadas várias técnicas de marcadores moleculares, tais como RAPD (Randomoly Amplified Polymorphic DNA), ISSR (Inter Simple Sequence Repeat) e SSR (Simple Sequence Repeat). Os primers necessários para as técnicas acima referidas foram sintetizados a partir de Bangalore Genei, Índia, e outros produtos químicos para estudos moleculares também foram recebidos de Bangalore Genei.

Todos os primers para RAPD, ISSR e SSR foram diluídos adicionando uma quantidade igual de água destilada estéril deionizada igual à sua concentração. Por exemplo, se a concentração do primer RAPD OPA-10 for 37nMoles, a adição de 37pl de água desionizada produz uma concentração de 1 nMole.pl^{-1} =1000 pMoles.pl^{-1} . Esta foi mantida como uma solução de reserva do iniciador. Ao juntar 5 pl de stoke (1000 pMoles.pl^{il}) e 195 pl de água desionizada destilada estéril, obtém-se uma concentração final de 25 pMoles.pl^{-1} .

3.8.1 ADN polimórfico amplificado aleatoriamente (RAPD)

A amplificação dos fragmentos RAPD foi efectuada de acordo com Li'Wang *et al.* (2007) com algumas modificações. Os iniciadores utilizados para a análise RAPD estão indicados no quadro 3.5.

Quadro 3.5: Lista de iniciadores RAPD

N.º Sr.	Série Primer	Sequência 5'- 3'	GC (%)	Tm (º C)
1	OPA-01	CAGGCCCTTC	70	38.2

2	OPA-09	GGGTAACGCC	70	38.7
3	OPA-10	GTGATCGCAG	60	29.8
4	OPA-14	TCTGTGCTGG	60	30.2
5	OPA-16	AGCCAGCGAA	60	40.5
6	OPB-06	TGCTCTGCCC	70	40.2
7	OPB-12	CCTTGACGCA	60	37.0
8	OPB-18	CCACAGCAGT	60	28.6
9	OPB-20	GGACCCTTAC	60	26.4
10	OPC-04	CCGCATCTAC	60	30.0
11	OPC-05	GATGACCGCC	70	38.8
12	OPC-14	TGCGTGCTTG	60	42
13	OPC-17	TTCCCCCCAG	70	43.1
14	OPG-03	GAGCCCTCCA	70	38.2
15	OPJ-07	CCTCTCGACA	60	28.6
16	OPL-15	AAGAGAGGGG	60	30.8
17	OPN-05	ACTGAACGCC	60	33.7
18	OPP-06	GTGGGCTGAC	70	32.9
19	OPN-09	CCACATCGGT	60	33.9

Reagentes de PCR para RAPD

Os reagentes utilizados para a amplificação do ADN por RAPD-PCR são os seguintes

  (a) Tampão PCR 10X [Tris (pH 9,0), KCl, 15 mM MgCl2, Gelatina] (Cat n.º: 105876, Bangalore genei, Índia)
  (b) Taq DNA polimerase (Bangalore genei, Índia)
  (c) mistura de dNTP (Cat n.º: 105411, Bangalore genei, Índia)
  (d) Primário (25 pmoles.gl-1)

A mistura principal foi preparada num tubo de microcentrífuga, no qual o tampão foi adicionado em primeiro lugar, seguido de água estéril, da mistura de primers e dNTPs e da Taq DNA polimerase (Quadro 3.6). Por último, adicionou-se ADN em cada tubo separadamente. Os reagentes foram misturados suavemente batendo contra o tubo. Os tubos foram então colocados no termociclador (Bio-rad, EUA) para amplificação. A condição de PCR para o termociclador é apresentada na Tabela 3.7.

Tabela 3.6: Preparação da mistura de reação para RAPD

N.º Sr.	Reagentes	Quantidade
1	Tampão PCR (10X)	2.0 gl
2	Taq polimerase (3 U.g l)$^{-1}$	0,4gl
3	mistura de dNTPs (2,5 mM cada)	1.2 gl
4	Primário (25 pmoles.gl)$^{-1}$	1.0 gl
5	ADN modelo (25 ng.gl)$^{-1}$	2.0 gl
6	Água destilada esterilizada Millipore	13.4 gl
	Total	**20 gl**

Tabela 3.7: Condições de PCR para RAPD

N.º Sr.	Passos	Temperatura (°C)	Duração
1	Desnaturação inicial	94	5.0 min
2	Desnaturação	94	1,0 min
3	Recozimento	36	45 segundos

4	Extensão	72	1,0 min
Repetir os passos 2 a 4 por 35 vezes			
5	Extensão final	72	5.0 min
6	Manter	4	--

Eletroforese do produto amplificado

Os produtos amplificados de RAPD foram analisados em gel de agarose a 1,5 %, tal como descrito na secção 3.7.4.

3.8.2 Repetição de sequência inter-simples (ISSR)

O ADN genómico foi amplificado utilizando a série de iniciadores ISSR indicada no quadro 3.8. As reacções de PCR para ISSR foram preparadas de acordo com o método indicado por Tiwari *et al.* (2009), com algumas modificações das condições de PCR (quadros 3.9 e 3.10).

Quadro 3.8: Lista de iniciadores ISSR

N.º Sr.	Primário ISSR	Sequência (5'^3')	GC (%)	Tm
1	P1	(GACA)4	50	45.0
2	P2	(ACTG)4	50	44.1
3	P3	(CCTA)4	50	43.0
4	P4	HVH(CA) T$_7$	39	53.2
5	P5	VHV(GT) G$_7$	44	55.1
6	P6	(AG)sYT	44	45.4
7	P7	HVH(GT)7	41	50.9
8	P8	(GTG)6	67	66.5
9	P9	(AG) YG$_8$	50	46.8
10	P10	HVH(TCC)$_5$	56	60.7

Quadro 3.9: Preparação da mistura de reação para ISSR

N.º Sr.	Reagente	Quantidade
1	Tampão PCR (10X)	2.0 gl
2	Taq polimerase (3 U.g l)$^{-1}$	0,4gl
3	mistura de dNTPs (2,5 Mm cada)	1.2 gl
4	Primário (25 pmoles.gl)$^{-1}$	1.0 gl
5	ADN modelo (50 ng.gl)$^{-1}$	2.0 gl
6	Água destilada esterilizada Millipore	13.4 gl
Total		**20 gl**

Quadro 3.10: Condições de PCR para ISSR

Sr.No.	Passo	Temperatura (°C)	Duração
1	Desnaturação inicial	94	4.0 min
2	Desnaturação	94	1.0 min
3	Recozimento	De acordo com Tm±2	45 segundos
4	Extensão	72	1 min
Repetir o passo		ps 2 a 4 por 35 vezes	
5	Extensão final	72	5.0 min
6	Manter	4	--

Reagentes de PCR para ISSR

Os reagentes utilizados para a amplificação ISSR e a preparação da mistura principal, exceto os iniciadores, foram os indicados no ponto 3.8.1.

Eletroforese do produto amplificado

Os produtos amplificados de ISSR foram analisados em gel de agarose a 1,5 %, como indicado na secção 3.7.4.

3.8.3 Repetição de sequência simples (SSR)

Os primers SSR foram selecionados a partir dos marcadores de microssatélites genéticos (SSR) que foram identificados a partir de uma biblioteca de etiquetas de sequência expressa de *S. melongena* fornecida por Tumbilen *et al.* (2009). O ADN genómico foi amplificado utilizando os iniciadores indicados no quadro 3.11. As reacções de PCR para SSR foram realizadas num volume de reação de 20 pl (quadros 3.12 e 3.13).

Quadro 3.11: Lista de iniciadores SSR

Sr. Não.	Marcadores		Sequência 5' - 3'	GC (%)	Tm (0C)
1	sgn|E513845	F	GTGACTACGGTTTCACTGGT	50	59.1
		R	GATGACGACGACGATAATAGA	43	59.1
2	sgn|E514583	F	GATGACGACGACGATAATAGA	43	59.1
		R	GATGACGACGACGATAATAGA	43	59.1
3	sgn|E514601	F	ATTGAAAGTTGCTCTGCTTC	40	58.6
		R	GATCGAACCCACATCATC	50	58.7
4	sgn|E514602	F	CTCTGCTTCACCTCTGTGTT	50	59.6
		R	CCATGAAAGAGAAGATCGAG	45	58.9
5	sgn|E514645	F	TCTGCTTCACCTCTGTTCTT	45	59.2
		R	AGTAGAGCAACGACGACAAT	45	58.9
6	sgn|E514647	F	TCTGCTTCACCTCTGTTCTT	45	59.2
		R	GAAAGAGGAGATCGAGGAGT	50	59.0
7	sgn|E513913	F	CACATGGGAACCTACTTACC	50	58.3
		R	GACGACCATCAAACAAGAAT	40	59.0
8	sgn|E513947	F	AAGCTTCGGAGGAAGATAAG	45	59.1
		R	GGGAGATGGAATAAGTCACA	45	58.9

9	sgn|E515884	F	AAACAAACTGAAACCCATGT	35	58.4
		R	AAGTTTGCTGTTGCTGCTGCT	47	57.0
10	sgn|E516012	F	AAACAGAAACCAGAGTACTTCA	36	57.0
		R	CAGAAGAAGGTTCAGTTTGC	45	59.0

Tabela 3.12: Preparação da mistura de reação SSR

N.º Sr.	Reagentes	Quantidade
1	Tampão PCR (10X)	2.0 gl
2	Taq polimerase (3 U.pl)$^{-1}$	0,4gl
3	mistura de dNTPs (2,5 mM cada)	1.2 gl
4	Primário (25 pmoles.pl)$^{-1}$	1.0 gl
5	ADN modelo (50ng.pT)^{1}	2.0 gl
6	Água destilada esterilizada	13.4 gl
Total		**20gl**

Tabela 3.13: Condições de PCR para SSR

Sr.No.	Passos	Temperatura (°C)	Duração
1	Desnaturação inicial	94	5.0 min
2	Desnaturação	94	45 segundos
3	Recozimento	Tm ± 2	1min
4	Extensão	72	1.30min
	Repetir os passos 2 a 4 por 35 vezes		
5	Extensão final	72	7,0 min
6	Manter	4	--

Reagentes de PCR para SSR

Os reagentes, exceto os iniciadores, utilizados para a amplificação SSR e a preparação da mistura principal foram os mesmos que os indicados em 3.9.1.

Eletroforese em gel de agarose do produto amplificado

Os produtos amplificados dos SSR foram analisados num gel de agarose a 3%, como referido no ponto 3.7.4.

3.9 ANÁLISE ESTATÍSTICA

3.9.1 Análise de marcadores morfológicos

A análise morfológica, tal como os caracteres quantitativos como a altura da planta, a dispersão da planta, o ramo primário, o peso do fruto, o comprimento do fruto e o perímetro do fruto foram registados. Como caracteres qualitativos, foram registados o hábito de crescimento da planta, a cor do caule, o comprimento do pecíolo, a cor do pecíolo, a espinha do pecíolo, o lobo da lâmina da folha, o ângulo da ponta da lâmina da folha, a cor da lâmina da folha, a cor da corola, a cor do fruto, a curvatura do fruto, a forma do fruto, o comprimento do pedículo do fruto, o pedículo do fruto

espessura e espessamento da capa do fruto, foram efectuados de acordo com Pathmarajah *et al.* (2005). A análise estatística para cada um dos caracteres morfológicos foi realizada em três dados replicados usando o desenho RBD. A análise de agrupamento também foi calculada pelo programa XLSATAT versão 2011.1.01.

3.9.2 Cálculo do conteúdo de informação polimórfica (PIC)

O valor PIC para cada locus foi calculado com base na frequência dos alelos (Anderson *et al.* 1993).

$$PIC_i = 1 - \sum_{j=1}^{n} P_{ij}^2$$

Em que P_i j é a frequência do alelo j^{th} para o marcador i, e o somatório estende-se a n alelos.

3.9.3 Valor Rm (Mobilidade Relativa) para Isozimas e Perfil de Proteínas

A mobilidade relativa (Rm) de cada banda foi medida em cada zimograma para cada cultivar testada utilizando a seguinte equação (Eeswara e Peiris, 2001).

$$Rm = \frac{\text{Distance migrated by the enzyme band}}{\text{Distance migrated by the dye marker}}$$

3.9.4 Análise de dendrogramas

As bandas claras e distintas amplificadas pelos primers RAPD, ISSR e SSR foram classificadas quanto à presença (1) e ausência (0) da banda correspondente entre as cultivares. Os dados foram introduzidos numa folha de dados MS-Excel e posteriormente analisados utilizando a versão 2.02 do NTSYSpc (Rohlf, 1998). A matriz de dados foi lida pelo programa NTSYS-pc versão 2.2 (Numerical Taxonomy and Multivariate Analysis System for Personal Computers, Exeter Software) desenvolvido por F.J. Rohlf e analisada pelo programa SIMQUAL com o coeficiente de similaridade de Jaccard. O SIMQUAL é um programa que permite calcular uma série de coeficientes de semelhança e de dissemelhança para dados qualitativos. A natureza qualitativa do estado de ausência (0) ou presença (1) de um marcador RAPD foi utilizada como base para a análise de semelhança entre vários genótipos de brinjal. Uma matriz de 0 e 1 actua como entrada, e a saída é uma matriz de coeficientes de semelhança ou dissemelhança. A matriz de similaridade resultante foi introduzida no programa de agrupamento SAHN, tendo sido produzida uma matriz de árvore e construído um dendrograma utilizando UPGMA. O pressuposto subjacente à utilização do agrupamento UPGMA é a igual taxa de evolução ao longo de todos os ramos do dendrograma. Os dendrogramas com qualidade de publicação foram produzidos a partir do ficheiro de saída da árvore do SAHN pelo programa TREE (tree display) em modo gráfico.

Os métodos de clustering criam clusters dos dados, independentemente de existirem ou não clusters verdadeiros nos dados, pelo que foi feita uma verificação da existência de clusters verdadeiros. Para o efeito, utilizou-se a matriz de árvore produzida pelo SAHN para calcular os valores cophenéticos de semelhança ou dissemelhança através do programa COPH (valores cophenéticos). A matriz de valores cofenéticos foi comparada com a matriz de árvore original para verificar a adequação da análise de agrupamento aos dados. Este tipo de correlação cofenética foi efectuado pelo programa MXCOMP (comparação de matrizes) (Rohlf, 1998). O programa MXCOMP plota a matriz de valores cofenéticos contra a matriz de árvore original e calcula o coeficiente de correlação cofenética (r) e a estatística de teste de Mantel (Z).

O critério de teste do teste de Mantel é o seguinte

$$Z = \sum_{i<j}^{n} X_{ij}Y_{ij}$$

$X_i\,j$ = elementos não diagonais da matriz de valores cofenéticos
$Y_i\,j$ = elementos não diagonais da matriz original da árvore
n = número de elementos das matrizes

Uma vez que o coeficiente de correlação cofenética está positivamente correlacionado com a estatística do teste de Mantel e em unidades padronizadas, é mais fácil utilizá-lo como medida de adequação de uma análise de agrupamentos do que a estatística do teste de Mantel. O grau de ajustamento pode ser referido da seguinte forma (Rohlf, 1998).

Nível	Grau de ajuste
$0.9 < r$	Muito bom ajuste
$0.8 < r < 0.9$	Bom ajuste
$0.7 < r < 0.8$	Pouca adequação
$r < 0.7$	Ajuste muito fraco

CAPÍTULO - IV

RESULTADOS E DISCUSSÃO

Os resultados obtidos no estudo efectuado para a "Caracterização da couve-brócolo utilizando marcadores bioquímicos e moleculares" são apresentados a seguir.

4.1 MARCADORES MORFOLÓGICOS

Os métodos clássicos utilizados para identificar as cultivares de brinjal baseiam-se principalmente nas expressões fenotípicas de diferentes partes da planta. Por conseguinte, no presente estudo, foram observados seis caracteres quantitativos e quinze qualitativos a nível morfológico para diferenciar dez genótipos diferentes de brinjal. As caraterísticas morfológicas quantitativas e qualitativas registadas são apresentadas nos quadros 4.1 e 4.2.

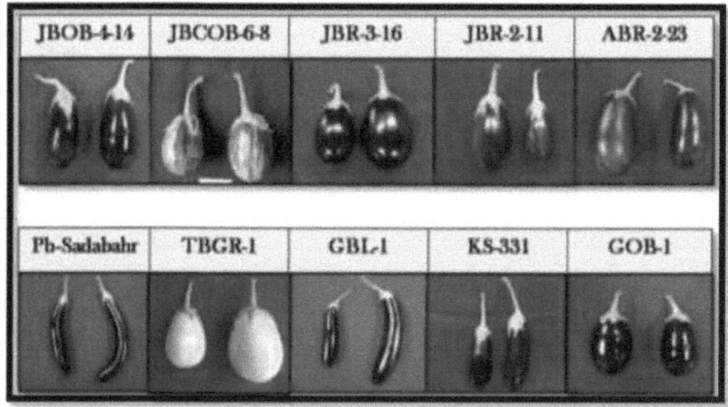

Placa 4.1: Variação morfológica dos frutos de brinjal

4.1.1 Traços quantitativos a nível morfológico

Entre os dez genótipos de brinjal, foram observados seis caracteres quantitativos a nível morfológico: altura da planta, propagação da planta, ramos primários, peso do fruto, comprimento do fruto e perímetro do fruto (Quadro 4.1).

4.1.1.1 Altura da planta (cm)

A altura da planta variou de 35 cm a 71,4 cm. A altura de planta significativamente mais elevada (71,5 cm) foi observada no genótipo GOB-1, enquanto a mais baixa foi registada no JBOB-04-04 (35 cm) seguido do ABR-2-23 (40 cm).

4.1.1.2 Espalhamento da planta (cm)

A propagação das plantas variou de 52,2 cm a 70,8 cm. O maior espalhamento (70,8 cm) foi observado no genótipo JBOB-04-04, enquanto o menor foi observado no JBGR-1 (52,2 cm) seguido pelo GBL-1 (54,2 cm).

4.1.1.3 Ramos primários

O número de ramos variou de 2,7 cm a 6. O maior número de ramos, 6, foi observado em KS-331, enquanto o menor, 2,7, foi observado em JBR-3-16, seguido de 3 em JBOB-04-04.

Tabela 4.1: Desempenho médio de seis caraterísticas quantitativas em genótipos de brinjal

Sr. n°.	Genótipos	Personagens					
		Altura da planta (cm)	Espalhamento da planta (cm)	Ramo primário	Peso do fruto (gm)	Comprimento do fruto (cm)	Perímetro do fruto (gm)
1	JBOB-04-04	35.0	70.8	3.0	49.8	11.8	7.3

2	JBCOB-06-08	50.4	63.8	3.7	149.6	14.7	18.3
3	JBR-3-16	66.5	58.2	2.7	48.4	10.3	12.2
4	JBR-2-11	65.7	60.5	5.0	40.4	12.7	13.9
5	ABR-02-23	40.0	51.1	4.0	36.7	11.4	10.3
6	Pb- Sadabahar	48.5	59.9	4.7	50.3	17.1	19.3
7	JBGR-1	52.0	52.2	5.0	71.3	9.1	22.1
8	GBL-1	61.0	54.2	5.3	59.5	14.7	11.1
9	KS-331	67.3	55.2	6.0	43.9	14.8	9.1
10	GOB-1	71.4	61.7	5.0	65.4	10.3	14.7
11	Média	55.8	58.8	4.4	61.5	12.7	13.8
12	SE(m)	1.56	0.86	0.21	2.64	0.74	0.39
13	CD a 5 %	4.64	2.55	0.63	7.84	2.18	1.17

| 14 | CV% | 4.85 | 2.53 | 8.24 | 7.43 | 10.03 | 4.91 |

Quadro 4.2: Dados morfológicos dos caracteres qualitativos e quantitativos dos genótipos de brinjal

Não	Personagens	Lendas				
		0	1	2	3	4
1	Hábito de crescimento da planta	Ereto	Semi propagação	Espalhamento		
2	Cor do caule	Verde	Verde escuro	Verde violeta		
3	Comprimento do pecíolo	Curto	Intermediário	Longo		
4	Cor do pecíolo	Whiti sh Verde	Verde escuro	Verde violeta	Violeta	
5	Pecíolo espinhoso	Nenhum	Muito poucos	Poucos	Intermediário	Muitos
6	Lóbulos da lâmina foliar	Muito fraco	Fraco	Intermediário		
7	Ângulo da ponta da lâmina da folha	Muito aguda	Aguda	Intermediário		
8	Cor da lâmina da folha	Verde claro	Verde	Verde escuro	Verde violeta	Violeta
9	Cor do Corolla	Branco	Branco leitoso	Violeta claro	Violeta	Violeta escuro
10	Cor do fruto	Verde	Verde-púrpura	Púrpura rosado	Púrpura	roxo enegrecido
11	Curvatura do fruto	Nenhum	Ligeiramente curvado	Curvo		

12	Forma do fruto	Longo	Redondo	Oblongo	Oval	
13	Comprimento do pedículo do fruto	Curto	Intermediário	Longo		
14	Espessura do pedículo do fruto	Fino	Intermediário	Grosso		
15	Espiga da tampa do fruto	Nenhum	Menos espinhoso	Espinhoso	Mais espinhoso	
16	Altura da planta	35-45	45-55	55-65	65-75	
17	Propagação da planta	<50	50-55	55-60	60-65	65<
18	Ramo primário	<3	3-4	4-5	5-6	6<
19	Peso do fruto	35-45	45-55	55-65	65-75	75<
20	Comprimento do fruto	<10	10-12	12-14	14-16	16<
21	Perímetro do fruto	<9	9-12	12-15	15-18	18<

4.1.1.4 Peso do fruto (g)

O peso do fruto foi observado na faixa de 36,7 a 149,6 g. O peso de fruto significativamente mais alto foi obtido em JBCOB-06-08 (149,6 g), enquanto o menor peso de fruto foi observado em ABR-2-23 (36,7 g).

4.1.1.5 Comprimento do fruto (cm)

O comprimento dos frutos variou de 9,1 a 17,1 cm. O maior comprimento de fruto foi observado em Pb-Sadabahar (17,1 cm), enquanto o menor comprimento de fruto foi registado em JBGR-1 (9,1 cm).

4.1.1.6 Perímetro do fruto (cm)

A circunferência do fruto está relacionada com o tamanho do fruto. A circunferência do fruto variou de 7,3 a 22,1 cm. O perímetro do fruto significativamente mais elevado (22,1 cm) foi observado no genótipo JBGR-1, enquanto o mais baixo foi observado em JBOB-04-04 (7,3 cm) seguido de KS-331 (9,1 cm).

4.1.2 Traços qualitativos para caracteres morfológicos

Entre dez genótipos de brinjal, foram registados um total de quinze caracteres qualitativos, a saber, hábito de crescimento da planta, cor do caule, comprimento do pecíolo, cor do pecíolo, espigamento do pecíolo, lóbulos da lâmina da folha, ângulo da ponta da lâmina da folha, cor da lâmina da folha, cor da corola, cor do fruto, curvatura do fruto, forma do fruto, comprimento do pedículo do fruto, espessura do pedículo do fruto e espigamento da capa do fruto (Quadro 4.2). **4.1.2.1 Hábito de crescimento da planta**

O hábito de crescimento das plantas, como os tipos ereto, semi-espalhado e espalhado, foi registado como 0, 1 e 2, respetivamente. Quatro genótipos de brinjal (JBR-3-16, ABR-02-23, Pb-Sadabahar e KS-331) apresentaram um hábito de crescimento do tipo ereto. No entanto, dois genótipos (JBCOB-06-08 e GOB-1) apresentaram hábitos de crescimento do tipo semi-alastrante, enquanto os genótipos (JBOB-04-04, JBR-2-11, JBGR-1 e GBL-1) apresentaram hábitos de crescimento do tipo alastrante.

4.1.2.2 Cor do caule

No caso da cor do caule, houve variação de verde, verde violeta a verde escuro. Em sete genótipos (JBOB-04-04, JBCOB-06-08, JBR-3-16, JBR-2-11, ABR-02-23, KS-331 e GOB-1) a cor do caule foi observada em verde violeta, enquanto que em outros dois genótipos (Pb-Sadabahar e JBGR-1) a cor do caule foi verde. O genótipo restante (GBL-1) foi observado com caule de cor verde escura.

4.1.2.3 Comprimento do pecíolo

No que diz respeito ao comprimento do pecíolo, cinco genótipos (JBCOB-06-08, ABR-02-23, Pb-Sadabahar, JBGR-1 e GBL-1) apresentaram um comprimento intermédio; enquanto cinco genótipos (JBOB-04-04, JBR-2-11, KS-331 e GOB-1) apresentaram um comprimento de pecíolo curto e um genótipo restante (JBR-3-16) apresentou um comprimento de pecíolo longo.

4.1.2.4 Cor do pecíolo

Em relação à cor do pecíolo, a maioria dos genótipos (JBOB-04-04, JBCOB-06-08, JBR-3-16, JBR-2-11, ABR-02-23, Pb-Sadabahar, GBL-1, KS-331 e GOB-1) foi encontrada com a cor verde-violeta. Enquanto apenas o genótipo JBGR-1 apresentou pecíolos de cor verde.

4.1.2.5 Pecíolo espinhoso

O genótipo GBL-1 foi encontrado com espigas no pecíolo, no entanto outros 9 genótipos (JBOB- 04-04, JBCOB-06-08, JBR-3-16, JBR-2-11, ABR-02-23, Pb-Sadabahar, JBGR-1, KS-331 e GOB-1) observaram ausência de espigas no pecíolo.

4.1.2.6 Lóbulos da lâmina foliar

No que diz respeito ao lóbulo das lâminas foliares, a maioria dos genótipos (JBOB-04-04, JBR-2-11, JBGR-1, GBL-1, KS-331 e GOB-1) apresentaram um lóbulo intermédio, enquanto três genótipos (JBCOB-06-08, JBR-3-16 e Pb-Sadabahar) registaram um lóbulo fraco. No entanto, o genótipo ABR-02-23) foi obtido com lóbulos muito fracos na lâmina foliar.

4.1.2.7 Ângulo da ponta da lâmina da folha

No que respeita ao ângulo de inclinação da lâmina foliar, a maioria dos genótipos (JBCOB-06-08, JBR-3-16, JBR-2-11, ABR-02-23, JBGR-1 e KS-331) foram encontrados com tipos intermédios, enquanto três genótipos (JBOB-04-04, GBL-1 e GOB-1) têm um ângulo de inclinação da lâmina foliar agudo. Um genótipo interessante (Pb-Sadabahar) foi obtido com um ângulo de ponta da lâmina foliar muito agudo. **4.1.2.8 Cor da lâmina foliar**

No caso da cor da lâmina foliar, os genótipos JBOB-04-04, JBCOB-06-08, JBGR-1 e KS-331 foram encontrados com cor verde, enquanto os genótipos JBR-3-16, JBR-2-11, Pb-Sadabahar e GOB-1 foram obtidos com lâmina foliar verde-violeta. Os restantes dois genótipos (ABR- 02-23 e GBL-1) apresentam uma lâmina foliar de cor verde clara.

4.1.2.9 Cor do Corolla

Quatro genótipos (JBOB-04-04, JBCOB-06-08, ABR-02-23 e GOB-1) apresentaram uma corola leitosa, enquanto três genótipos (JBR-3-16, JBGR-1 e GBL-1) apresentaram uma corola violeta clara e os restantes três genótipos (JBR-2-11, Pb-Sadabahar e KS-331) obtiveram uma corola violeta.

4.1.2.10 Cor do fruto

No que diz respeito à cor dos frutos, quatro genótipos (JBR-3-16 Pb-Sadabahar GBL-1 GOB-1) foram registados com frutos púrpura-escuro, enquanto três genótipos (JBOB-04-04, ABR-02-23 e KS-331) foram encontrados com frutos púrpura e os restantes três genótipos JBCOB-06-08, JBR-2-11 e JBGR-1 foram obtidos, respetivamente, com frutos de cor verde-púrpura, púrpura-rosado e verde-esbranquiçado.

4.1.2.11 Curvatura do fruto

No caso da curvatura dos frutos, o genótipo Pb-Sadabahar foi encontrado com frutos curvos, enquanto cinco genótipos (JBOB-04-04, JBR-2-11, ABR-02-23, GBL-1 e KS-331) foram obtidos com frutos ligeiramente curvos. Não houve curvatura de frutos nos quatro genótipos restantes (JBCOB-06-08, JBR-3-16, JBGR-1 e GOB-1).

4.1.2.12 Forma do fruto

Relativamente à forma dos frutos, quatro genótipos de brinjal (JBOB-04-04, JBCOB-06- 08, ABR-02-23 e GOB-1) apresentaram frutos oblongos, enquanto quatro genótipos (JBR-2-11, Pb-Sadabahar, GBL-1 e KS-331) apresentaram frutos compridos. Dois genótipos (JBR-3-16 e JBGR-1) têm frutos de tipo oval.

4.1.2.13 Comprimento do pedículo do fruto

No que diz respeito ao comprimento do pedículo do fruto, os genótipos JBOB-04-04, JBR-2-11, Pb-Sadabahar e KS-331 foram registados com tipos intermédios, enquanto os genótipos ABR-02-23, e JBR-3-16, JBGR-1 e GOB-1 foram obtidos com tipos curtos de comprimento do pedículo do fruto. Dois genótipos (JBCOB-06-08 e GBL-1) foram encontrados com tipos longos.

4.1.2.14 Espessura do pedículo do fruto

No caso do comprimento do pedículo do fruto, quatro genótipos (JBCOB-06-08, ABR-02-23, Pb-Sadabahar e GBL-1) foram observados com pedículos finos, enquanto apenas o genótipo JBR-2-11 tem pedículos intermédios. No entanto, cinco genótipos (JBOB-04-04, KS-331, JBR-3-16, JBGR-1 e GOB-1) apresentaram pedículos de frutos grossos.

4.1.2.15 Espiga da tampa do fruto

No que diz respeito ao espigamento do chapéu do fruto, na maioria dos genótipos, os espigões do chapéu do fruto estavam ausentes, enquanto apenas o genótipo JBGR-1 tinha espigões no seu chapéu do fruto.

A correlação dos caracteres morfológicos entre os dez genótipos de brinjal mostrou que havia uma correlação mais elevada entre os genótipos JBR-3-16 e GOB-1. Também se verificou uma semelhança entre estes dois genótipos no que respeita às caraterísticas dos frutos. No entanto, a maior variabilidade nas caraterísticas dos frutos foi registada em JBGR-1 e GBL-1, uma vez que foi obtida a correlação mais baixa entre estes genótipos (quadro 4.3).

Quadro 4.3 Matriz de correlação de dez genótipos de brinjal com base em diferentes caracteres morfológicos

	JBOB-04-04	JBCOB-06-08	JBR-3-16	JBR-2-11	ABR-02-23	Pb- Sadabahar	JBGR-1	GBL-1	KS-331	GOB- 1
JBOB-04-04	1									
JBCOB-06-08	0.18	1								
JBR-3-16	0.22	0.17	1							
JBR-2-11	0.33	0.14	0.37	1						
ABR-02-23	0.36	0.18	0.51	0.16	1					
Pb- Sadabahar	-0.03	0.34	0.31	0.47	0.26	1				
JBGR-1	-0.11	0.32	0.04	-0.11	-0.15	-0.11	1			
GBL-1	0.07	0.18	-0.00	0.31	0.31	0.46	-0.28	1		
KS-331	0.24	0.02	0.34	0.72	0.38	0.45	-0.26	0.56	1	
GOB- 1	0.43	0.32	0.62	0.48	0.28	0.33	0.18	0.31	0.46	1

4.1.2.16 Análise de agrupamento baseada em caracteres morfológicos

A análise de agrupamento foi efectuada pelo método UPGMA através do software XLSTAT 2011.1.01 com base na distância genética. A posição dos genótipos em diferentes grupos é apresentada na Fig. 4.1. O dendrograma construído com a distância genética baseada no método UPGMA revelou que dez genótipos de brinjal se dividiram em dois grupos principais A e B. O grupo A incluiu dois genótipos JBCOB-06-08 e JBGR-1. O grupo B dividiu-se em dois subgrupos B1 e B2. O subagrupamento B1 incluía quatro genótipos JBR-2-11, KS-331 Pb-Sadabahar e GBL-1, enquanto o B2 incluía também quatro genótipos JBOB-04-04, ABR-02- 23, JBR-3-16 e GOB-1. A maior semelhança, de 62%, foi encontrada entre os genótipos GOB-1 e JBR-2-16, enquanto a menor semelhança foi encontrada entre JBGR-1 e GBL-1. Os genótipos JBCOB-06-08 e JBGR-1 foram encontrados num único grupo. Estes dois genótipos atingiram o peso máximo de fruto em caracteres morfológicos.

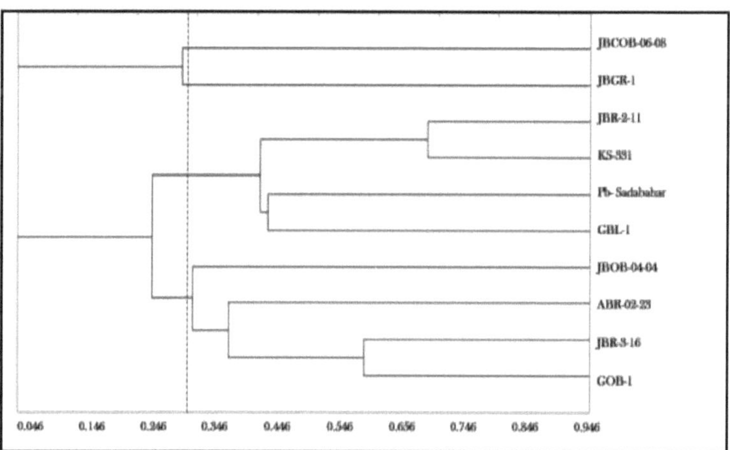

Fig. 4.1: Dendrograma representando a relação genética entre 10 genótipos de brinjal com base em dados morfológicos

Bhagowati *et al.* (2010) estudaram a variabilidade das raças autóctones de brinjal do distrito de Dimapur, em Nagaland. Entre as raças terrestres estudadas, o comprimento médio máximo dos frutos da raça púrpura longa foi registado como sendo de 17,27 cm e a circunferência média mínima dos frutos de 2,23 cm. Por outro lado, a circunferência média máxima do fruto de 11,15 cm, juntamente com o comprimento mínimo do fruto de 6,12 cm, foi registada para a raça terrestre de brinjal do tipo ovo branco. Também se obtiveram resultados semelhantes no presente estudo, uma vez que os genótipos de comprimento púrpura (GBL-1 e Pb-Sadabahar) têm um comprimento máximo de fruto, enquanto o comprimento mínimo de fruto foi observado no genótipo de brinjal do tipo ovo verde esbranquiçado (JBGR-1).

Furini e Wunder (2004) compararam os caracteres morfológicos, como a forma da folha, a presença ou ausência de espinhos, a cor e o hábito da flor, a cor e a forma do fruto em 29 germoplasmas de brinjal. Alguns acessos foram observados com uma variedade de formas foliares, desde pinadas, com poucos lóbulos, até ovadas ou pecioladas, com lâminas foliares dentadas e espinhos nas superfícies superiores e inferiores das folhas ao longo das nervuras principais. No nosso estudo, o genótipo JBGR-1 foi encontrado com espinhos na tampa do fruto e os outros nove não tinham espinhos. A cor dos frutos era verde-esbranquiçada, verde-púrpura, púrpura-rosada, púrpura e púrpura-escura entre 10 genótipos de brinjal.

Pathmarajah *et al.* (2005) observaram doze caraterísticas morfológicas e quatro agronómicas para diferenciar as cultivares e variedades de brinjal. Os caracteres morfológicos foram o hábito de crescimento, a cor das lâminas foliares, o lóbulo das lâminas foliares, a cor dos frutos, a curvatura dos frutos, a percentagem de flores de estilo longo, a percentagem de flores de estilo pseudo-curto, a percentagem de flores de estilo curto verdadeiro, o número de frutos por infrutescência, o número de dias até à primeira colheita, a fotossíntese líquida, o teor de clorofila, o índice de área foliar, a percentagem de frutos afectados pela murchidão, etc. Alguns destes caracteres foram também estudados na presente experiência.

A divergência genética foi realizada por Muniappan *et al.* (2010) para avaliar a variabilidade, associação, efeitos diretos e indirectos de oito caracteres morfológicos em trinta e quatro genótipos de beringela (*Solanum melongena* L.). Foram estudados os caracteres: número de ramos por planta, comprimento do fruto, largura do fruto, número de frutos por planta, peso médio do fruto e produção de frutos por planta. A variabilidade das caraterísticas morfológicas acima referidas também foi observada no presente estudo.

4.2 MARCADORES BIOQUÍMICOS

4.2.1 Padrões de isoenzimas em genótipos de brinjal

O termo isozimas é proposto como formas moleculares múltiplas de uma enzima, que partilham uma atividade catalítica derivada do tecido (Markert e Moller, 1959) mas diferem nas suas propriedades físicas. O padrão electroforético das enzimas solúveis representa uma manifestação direta do genoma e pode ser considerado um valor para determinar a variação genética entre vários loci. A diferença no padrão de bandas das isozimas deve-se a variações no conteúdo de aminoácidos da molécula, que, por sua vez, depende da sequência de nucleótidos no ADN (Micales *et al.*, 1986). Assim, a presente investigação foi realizada para detetar o polimorfismo entre os genótipos utilizando isozimas viz., esterase, peroxidase polifenol oxidase e superóxido dismutase.

Embora existam vantagens práticas na utilização de sementes, que se encontram numa fase metabolicamente estável, as primeiras folhas verdadeiras de plântulas com nove dias de idade foram utilizadas para a análise de isozimas. O procedimento de extração seguido neste estudo foi bem sucedido na resolução de padrões de bandas de isozimas de quatro isoenzimas (peroxidase, esterase, polifenol oxidase e superóxido dismutase).

4.2.1.1 Peroxidase

Todos os dez genótipos de brinjal foram testados para a determinação do perfil das isozimas da peroxidase no estádio 9 DAG.

Padrão de bandas da isoenzima peroxidase

Oito bandas de isoenzimas de peroxidase foram observadas com valor Rm de 1 (0,052), 2 (0,103), 3 (0,159), 4 (0,195), 5 (0,301), 6 (0,331), 7 (0,404), 8 (0,447) aos 9 DAG (Placa 4.2 e Tabela 4.4). Isso mostrou que as bandas 1 (0,052), 2 (0,103), 3 (0,159), 4 (0,195) e 5 (0,301) estavam presentes em todos os genótipos, enquanto a banda 5 (0,301) estava ausente no JBR-2-11 e a banda 6 (0,331) estava ausente na maioria dos genótipos, exceto nos genótipos JBR-2-11 ABR-02-23. A banda número 8 (0,447) estava presente apenas nos genótipos ABR-02-23, GBL-1 e KS-331.

Foi gerado um total de 8 alelos por isozimas aos 9 DAG. Apenas as bandas de isozimas facilmente resolvidas e brilhantes foram contadas na placa 4.2. Foi encontrado um total de 8 zimogramas, dos quais 3 eram polimórficos com 37,5% de polimorfismo. O valor do conteúdo de informação polimórfica (PIC) foi de 0,833.

Tabela 4.4: Valores Rm do padrão de bandas das isoenzimas da peroxidase de plântulas de brinjal

Não	Genótipos	Número de banda (valor Rm)							
		1 (0.052)	2 (0.103)	3 (0.159)	4 (0.195)	5 (0.301)	6 (0.331)	7 (0.404)	8 (0.447)
1	JBOB-04-04	+	+	+	+	+	-	+	-
2	JBCOB-06- 08	+	+	+	+	+	-	+	-
3	JBR-3-16	+	+	+	+	+	-	+	-
4	JBR-2-11	+	+	+	+	-	+	+	+
5	ABR-02-23	+	+	+	+	+	+	+	-
6	Pb- Sadabahar	+	+	+	+	+	-	+	-
7	JBGR-1	+	+	+	+	+	-	+	-
8	GBL-1	+	+	+	+	+	-	+	+
9	KS-331	+	+	+	+	+	-	+	+
10	GOB- 1	+	+	+	+	+	-	+	-

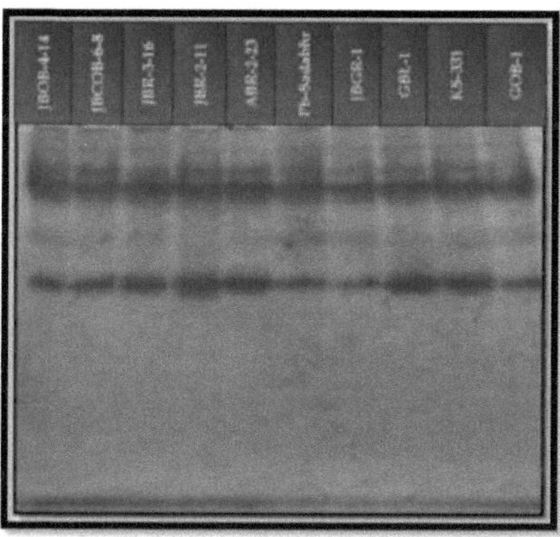

Placa 4.2: Zimograma da isozima peroxidase obtido aos 9 dias de plântula Análise de agrupamento com base na isozima peroxidase

A análise de agrupamento foi efectuada pelo método UPGMA com base na distância genética de Nei e Lei (1979). A posição dos genótipos em diferentes grupos é apresentada na Fig. 4.2. O dendrograma construído com base na distância genética UPGMA revelou que dez genótipos de brinjal se dividem em dois grupos principais A e B com 65% de semelhança. O grupo A incluía apenas um genótipo JBR-2-11. O grupo B dividiu-se ainda em dois subgrupos B1 e B2. O subagrupamento B1 incluía dois genótipos GBL-1, KS-331, enquanto o B2 era constituído por sete genótipos JBOB-04-04, JBCOB-06-08, JBR-3-16, ABR-02-23, Pb-Sadabahar, JBGR-1 e GOB-1. A partir deste padrão de agrupamento, observou-se que o genótipo JBR-2-11 contribuía com uma semelhança mínima com os outros nove genótipos de brinjal.

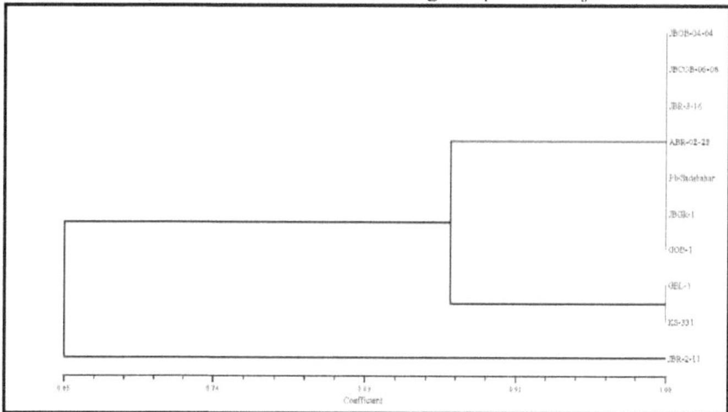

Fig.4.2 Dendrograma representando a relação genética entre 10 genótipos de brinjal com base nos dados da isoenzima peroxidase

Onus (2000) estudou as isozimas selecionadas em *Capsicum baccatum, C. eximium, C. cardenasii* e dois híbridos F1 interespecíficos em espécies de *Capsicum*. Encontraram duas zonas de atividade da peroxidase. Ambas as zonas continham uma única banda, cuja posição não variava em nenhuma das espécies ou acessos utilizados. Tuwafe *et al.* (1988) registaram uma zona de bandas isozimáticas para a peroxidase. Enquanto que mais de três zonas de atividade foram relatadas para a peroxidase por Tanksley (1984). No entanto, encontrámos três zonas de atividade da peroxidase. Todas as zonas têm mais do que uma banda. A zona 1 apresenta quatro bandas cuja posição não varia com os genótipos. Enquanto as zonas 2 e 3 têm duas bandas e a sua posição variou com o genótipo.

Khan *et al.* (2009) encontraram um coeficiente de semelhança entre pares de peroxidase em genótipos de cabaça pontiaguda. Nos padrões electroforéticos, o coeficiente de semelhança de 66 % revelou uma forte associação entre os genótipos de cabaça pontiaguda. As amplas gamas de 0-66 % de coeficiente de semelhança entre os padrões electroforéticos foram a indicação de uma grande diversidade genética entre os 64 genótipos de cabaça pontiaguda. No nosso estudo, encontrámos coeficientes de semelhança entre 65 e 100% em 10 genótipos de brinjal, utilizando dados de isoenzimas de peroxidase.

4.2.1.2. Esterase

Foi referido que a esterase é uma excelente enzima para utilização em estudos taxonómicos. Nos presentes estudos, todos os dez genótipos de brinjal foram testados para a determinação do perfil das isozimas de esterase aos 9 DAG.

Padrão de bandas da isozima esterase de plântulas de brinjal

Aos 9 DAG, foram observadas seis bandas de isozimas de esterase com valores de Rm de 1 (0,208), 2 (0,251), 3 (0,308), 4 (0,333), 5 (0,363) e 6 (0,406). O padrão de bandas aos 9 DAG (Placa 4.2 e Tabela 4.5) mostrou que a banda número 6 (0,406) estava ausente nos genótipos JBGR-1, GBL-1, KS-331 e GOB-1, enquanto as bandas número 1 (0,208), 2 (0,251), 3 (0,308), 4 (0,333) e 5 (0,363) estavam presentes em todos os genótipos.

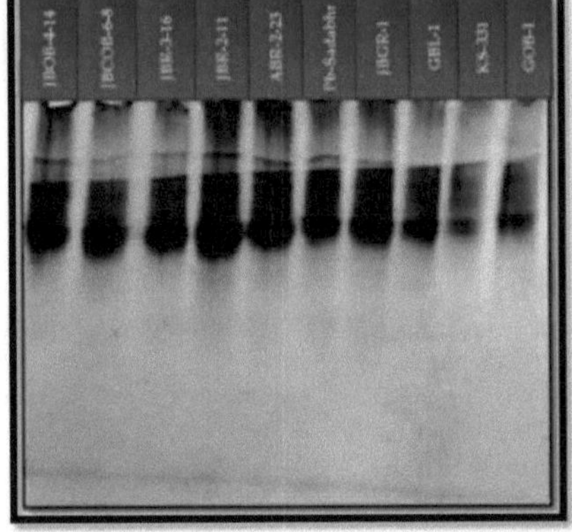

Placa 4.2: Zimograma da isozima Esterase obtido aos 9 dias de plântula

Tabela 4.5: Valores Rm do padrão de bandas das isoenzimas de esterase de plântulas de brinjal

Não	Genótipos	Número de banda (valor Rm)					
		1 (0.208)	2 (0.251)	3 (0.308)	4 (0.333)	5 (0.363)	6 (0.406)
1	JBOB-04-04	+	+	+	+	+	+
2	JBCOB-06-08	+	+	+	+	+	+
3	JBR-3-16	+	+	+	+	+	+
4	JBR-2-11	+	+	+	+	+	+
5	ABR-02-23	+	+	+	+	+	+
6	Pb- Sadabahar	+	+	+	+	+	+
7	JBGR-1	+	+	+	+	+	-
8	GBL-1	+	+	+	+	+	-
9	KS-331	+	+	+	+	+	-
10	GOB- 1	+	+	+	+	+	-

Um total de seis alelos foram gerados por isozimas aos 9 DAG. Apenas foram contadas as bandas de isozimas brilhantes e de fácil resolução. Registou-se um polimorfismo de 13,71% para a isoenzima esterase com um valor PIC de 0,800.

Análise de agrupamentos com base na isozima esterase

A análise de agrupamento foi efectuada pelo método UPGMA com base na distância genética de Nei e Lei (1979). A posição dos genótipos em diferentes grupos é apresentada na Fig. 4.3. O dendrograma construído com a distância genética baseada no método UPGMA revelou que dez genótipos de brinjal se inseriam em dois grupos principais, A e B, com 83% de semelhança. O grupo A incluiu JBOB-04-04, JBCOB-06-08, JBR-3-16, JBR-2-11, ABR-02-23 e Pb-Sadabahar. O grupo B incluiu JBGR-1, GBL-1, KS-331 e GOB-1.

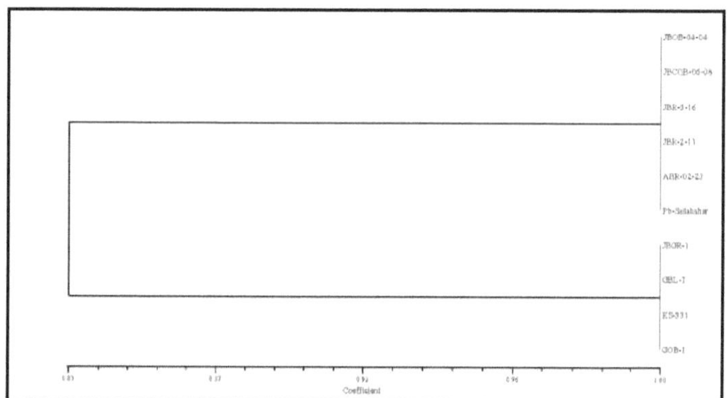

Fig. 4.3 Dendrograma representando a relação genética entre 10 genótipos de brinjal com base nos dados da isoenzima esterase

Onus *et al.* (2000) estudaram as isozimas selecionadas em *capsicum baccatum, capsicum eximium, capsicum cardenasii e dois* híbridos F1 *interespecíficos* em espécies de capsicum. Verificou-se a existência de múltiplas regiões de atividade para a enzima esterase. Todos os acessos e espécies utilizados neste estudo apresentaram uma única banda, cuja posição não variou. As diferenças não foram observadas no seu estudo da isozima esterase. Resultados semelhantes foram também obtidos no presente estudo.

Markova *et al.* (2006) examinaram a expressão de isoenzimas de esterase no tomate, que foi utilizada para estimar a hibridez no tomate. Os padrões de bandas foram obtidos por meio de eletroforese em bloco vertical em géis de poliacrilamida. Foi estabelecido que a variação quantitativa do locus Est-1 pode ser aplicada para provar a hibridez de sementes de tomate F_1. Este marcador estava relacionado com a natureza genética do tomate e não era o resultado da influência ambiental.

4.2.1.3 Polifenol oxidase (PPO)

Todos os dez genótipos de brinjal foram testados para a determinação do perfil da isozima polifenol oxidase aos 9 DAG.

Padrão de bandas da isozima PPO

Aos 9 DAG, foram observadas nove bandas de isozimas da PPO com valores de Rm de 1 (0,182), 2 (0,326), 3 (0,489), 4 (0,568), 5 (0,606), 6 (0,648), 7 (0,845), 8 (0,875) e 9 (0,913). O padrão de bandas aos 9 DAG (Placa 4.3 e Tabela 4.6) mostrou que a banda número 1 (0,182) estava presente nos genótipos JBOB-04-04 JBCOB-06-08 JBR-3-16 JBGR-1 GBL-1 e GOB-1, enquanto 2 (0,326), 3 (0,489), 4 (0,568) estavam presentes em todos os genótipos. As bandas 5 (0,606), 6 (0,648) estavam presentes apenas nos genótipos JBR-3-16 JBR-2-11, enquanto a banda 7 (0,845) estava presente nos genótipos JBR-3-16 JBR-2-11 JBGR-1 GBL-1 e GOB-1. A banda número 8 (0,875) estava presente nos genótipos JBR-3-16 JBR-2-11 JBGR-1, enquanto a banda número 9 (0,913) estava presente apenas no genótipo JBR-2-11.

Um total de 9 alelos foram gerados por esta isozima aos 9 DAG. Apenas foram contadas as bandas de isozimas brilhantes e de fácil resolução. Das 9, um total de 6 bandas foram geradas polimorfas com 66,6% de polimorfismo. O valor PIC foi de 0,800.

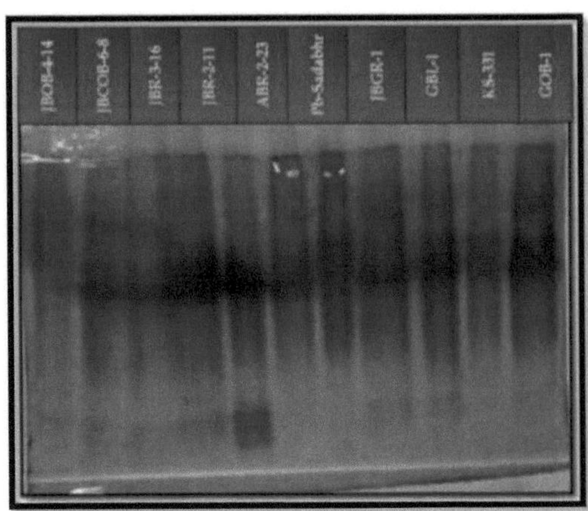

Placa 4.3: Zimograma da isozima polifenoloxidase obtido aos 9 dias de plântula
Tabela 4.6: Valores Rm do padrão de bandas da isoenzima das polifenoloxidases de plântulas de brinjal

Não	Genótipos	Número de banda (valor Rm)								
		1 (0.182)	2 (0.326)	3 (0.489)	4 (0.568)	5 (0.606)	6 (0.648)	7 (0.845)	8 (0.875)	9 (0.913)
1	JBOB-04-04	+	+	+	+	-	-	-	-	-
2	JBCOB-06-08	+	+	+	+	-	-	-	-	-
3	JBR-3-16	+	+	+	+	+	+	+	+	-
4	JBR-2-11	-	+	+	+	+	+	+	+	+
5	ABR-02-23	-	+	+	+	-	-	-	-	-
6	Pb- Sadabahar	-	+	+	+	-	-	-	-	-
7	JBGR-1	+	+	+	+	-	-	+	+	
8	GBL-1	+	+	+	+	-	-	+		
9	KS-331	-	+	+	+	-	-	-	-	-
10	GOB- 1	+	+	+	+	-	-	+	-	-

Análise de clusters baseada na isozima PPO

A análise de agrupamento foi efectuada pelo método UPGMA com base na distância genética de Nei e Lei (1979). A posição dos genótipos em diferentes grupos é apresentada na Fig. 4.4. O dendrograma construído com base na distância genética UPGMA revelou que dez genótipos de brinjal se dividem em dois grupos principais A e B com 53% de semelhança. O grupo A dividiu-se em dois subgrupos A1 e A2; A1 incluía apenas um genótipo JBR-2-11. Enquanto A2 incluía o genótipo JBR-3-16. O grupo B dividiu-se em dois subgrupos B1 e B2. O subgrupo B1 foi ainda dividido em subgrupos B1 (a) e B1 (b). B1 (a) incluía dois genótipos GBL-1 e GOB-1. O B1 (b) foi constituído pelos genótipos JBCOB-06-08 e JBGR-1. O subgrupo B2 também foi dividido em subgrupos B2 (a) e B2 (b). O B2 (a) foi constituído por três genótipos ABR-02-23 Pb- Sadabahar e KS-331. Enquanto B2 (b) era constituído pelo genótipo JBOB-04-04. A partir deste padrão de agrupamento, observou-se que os genótipos JBR-2-11 e JBR-3-16 contribuíram com a maior variabilidade em comparação com outros genótipos de brinjal.

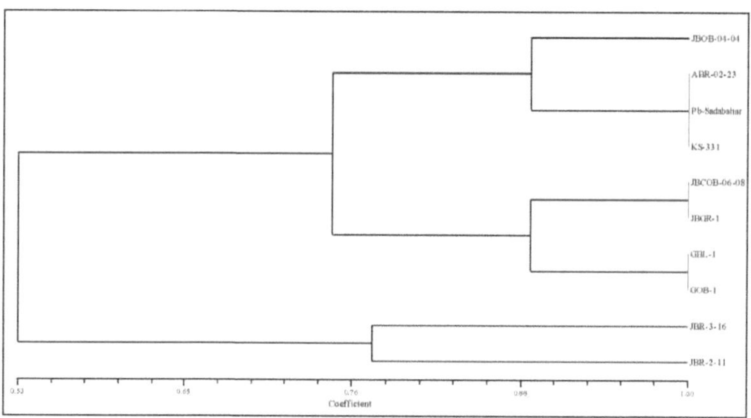

Fig. 4.4 Dendrograma representando a relação genética entre 10 genótipos de brinjal com base nos dados da isoenzima polifenol oxidase

Kaur *et al.* (2004) estudaram a diversidade dos padrões electroforéticos das enzimas no complexo da beringela. Estudos sobre os padrões electroforéticos da PPO resultaram na identificação de 10 loci isozimáticos representados por 20 alelos (Kaur *et al.*, 2004). O número de fenótipos apresentados num único morfo foi elevado. Os fenótipos mais frequentes foram identificados em S. *melongena,* S. *insanum* e S. *incanum,* indicando uma grande proximidade genética entre os três texas. Os acessos de S. *melongena* apresentaram um elevado grau de homogeneidade dos zimogramas, enquanto as outras duas espécies foram mais diversificadas. Do mesmo modo, encontrámos um total de 9 loci de isozima PPO, dos quais 3 loci estavam representados em todos os 10 genótipos de brinjal.

4.2.1.4 Superóxido dismutase (SOD)

Todos os dez genótipos de brinjal foram testados para a determinação do perfil da isoenzima SOD aos 9 DAG.

Padrão de bandas da isoenzima SOD

Aos 9 DAG, foram observadas seis bandas de isoenzimas SOD com valores de Rm de 1 (0,176), 2 (0,246), 3 (0,301), 4 (0,672), 5 (0,793), 6 (0,891) (Placa 4.3 e Tabela 4.7). Mostrou que os números de banda 1 (0,176), 2 (0,246) e 3 (0,301) estavam presentes na maioria dos genótipos, exceto JBOB-04-04 As bandas 4 (0,672) e 5 (0,793) estavam presentes em todos os genótipos, enquanto a banda 6 (0,891) estava presente na maioria dos genótipos, exceto JBOB-04-04, JBCOB-06-08 KS-331 e GOB-1.

Foi gerado um total de 6 alelos por isozimas aos 9 DAG. Apenas foram contadas as bandas de isozimas brilhantes e de fácil resolução. Registou-se uma semelhança de 66% com um valor PIC de 0,800.

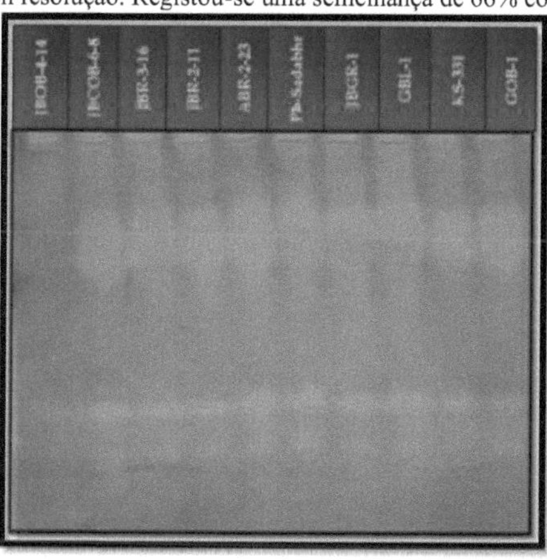

Placa 4.3: Zimograma da isozima Superóxido dismutase obtido aos 9 dias de plântula

Tabela 4.7: Valores Rm do padrão de bandas das isoenzimas da superóxido dismutase de plântulas de brinjal

Não.	Genótipos	Número de banda (valor Rm)					
		1 (0.176)	2 (0.246)	3 (0.301)	4 (0.672)	5 (0.793)	6 (0.891)
1	JBOB-04-04	-	-	-	+	+	-
2	JBCOB-06-08	+	+	+	+	+	-
3	JBR-3-16	+	+	+	+	+	+
4	JBR-2-11	+	+	+	+	+	+
5	ABR-02-23	+	+	+	+	+	+
6	Pb- Sadabahar	+	+	+	+	+	+
7	JBGR-1	+	+	+	+	+	+
8	GBL-1	+	+	+	+	+	+
9	KS-331	+	+	+	+	+	-
10	GOB- 1	+	+	+	+	+	-

Análise de agrupamentos baseada na isozima SOD

A análise de agrupamento foi efectuada pelo método UPGMA com base na distância genética de Nei e Lei (1979). A posição dos genótipos em diferentes grupos é apresentada na Fig. 4.5. O dendrograma construído com a distância genética baseada no método UPGMA revelou que dez genótipos de brinjal se inserem em dois grupos principais, A e B, com 39% de semelhança. O grupo A dividiu-se em dois subgrupos A1 e A2; A1 era constituído pelos genótipos JBR-3-16 JBR-2-11 ABR-02-23 GBL-1 JBGR-1 e Pb-Sadabahar, enquanto A2 era constituído pelos genótipos JBCOB-06-08 KS-331 e GOB-1. O grupo B é constituído apenas pelo genótipo JBOB-04-04. A partir desta relação genética, observou-se que o genótipo JBR-04-04 apresenta uma semelhança mínima com os outros 9 genótipos de brinjal. No que respeita à variação morfológica, o genótipo JBOB-04-04 apresentou a maior dispersão de plantas (70,8 cm) em comparação com os outros nove genótipos.

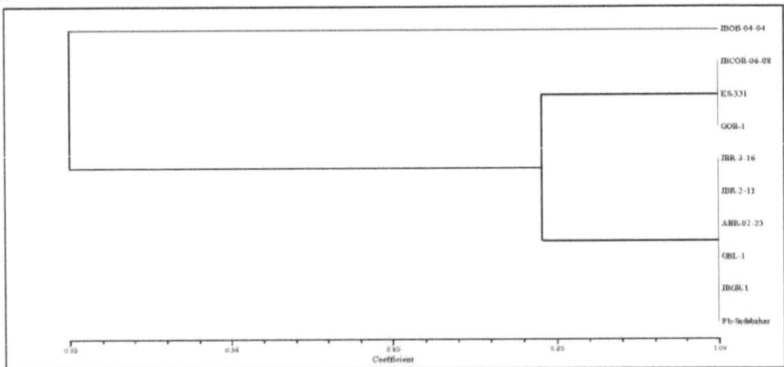

Fig. 4.5 Dendrograma representando a relação genética entre 10 genótipos de brinjal com base nos dados da isoenzima Superóxido dismutase

Priscila *et al.* (2008) determinaram a atividade das isoenzimas da SOD dos órgãos de cultivares de tomate após 104 dias de desenvolvimento. A eletroforese em gel revelou a existência de quatro isoenzimas da SOD nas folhas, três nos frutos, mas apenas duas isoenzimas nas raízes e caules. No entanto, observámos 6 isoenzimas SOD nas plântulas de brinjal com 9 dias de idade, das quais duas eram monomórficas e estavam presentes em todos os genótipos, enquanto quatro eram polimórficas e estavam presentes em pelo menos dois

genótipos.
4.2.1.5 Análise combinada das isozimas esterase, peroxidases, PPO e SOD

O maior polimorfismo enzimático foi exibido pela PPO com nove padrões de bandas diferentes entre dez genótipos de brinjal, o que mostrou que havia uma elevada atividade da enzima PPO em comparação com outras enzimas nas plântulas de brinjal.

Na análise combinada das quatro isozimas, a semelhança variou entre um mínimo de 55,2% e um máximo de 93,1% (Quadro 4.8). O valor PIC variou de 0,800 a 0,833.

Tabela 4.8: Coeficiente de semelhança de Jaccard de 10 genótipos de brinjal com base em todas as isoenzimas

	JBOB-04-04	JBCOB-06-08	JBR-3-16	JBR-2-11	ABR-02-23	Pb- Sadabahar	JBGR-1	GBL-1	KS-331	GOB-1
JBOB-04- 04	1.000									
JBCOB- 06-08	0.828	1.000								
JBR-3-16	0.724	0.897	1.000							
JBR-2-11	0.552	0.724	0.828	1.000						
ABR-02-23	0.828	0.862	0.828	0.724	1.000					
Pb- Sadabahar	0.828	0.862	0.828	0.724	1.000	1.000				
JBGR-1	0.759	0.931	0.897	0.724	0.862	0.862	1.000			
GBL-1	0.759	0.862	0.828	0.724	0.862	0.862	0.931	1.000		
KS-331	0.793	0.828	0.724	0.690	0.897	0.897	0.828	0.897	1.000	
GOB- 1	0.828	0.931	0.828	0.655	0.862	0.862	0.931	0.931	0.897	1.000

A análise de agrupamento foi efectuada pelo método UPGMA com base na distância genética de Nei e Lei (1979). A posição dos genótipos em diferentes grupos é apresentada na Fig. 4.6. O dendrograma construído com a distância genética baseada no método UPGMA revelou que dez genótipos de brinjal se enquadram em dois grupos principais A e B, com 70% de similaridade. O grupo A incluía apenas o JBR-2-11. O grupo B incluiu dois subgrupos B1 e B2. O subagrupamento B2 inclui apenas o JBOB-04-04. O subgrupo B1 dividiu-se ainda em B1 (a) e B1 (b). O B1 (a) incluía apenas um genótipo JBR-3-16, enquanto o B1 (b) era constituído por sete genótipos JBCOB-06-08, ABR-02-23, Pb-Sadabahar, JBGR-1, GBL-1, KS-331 e GOB-1. A maior similaridade, de 93,1%, foi encontrada entre GOB-1, JBCOB-06-08, JBGR-1 e GBL-1, enquanto a menor similaridade, de 55,6%, foi encontrada entre JBOB-04-04 e JBR-2-11.

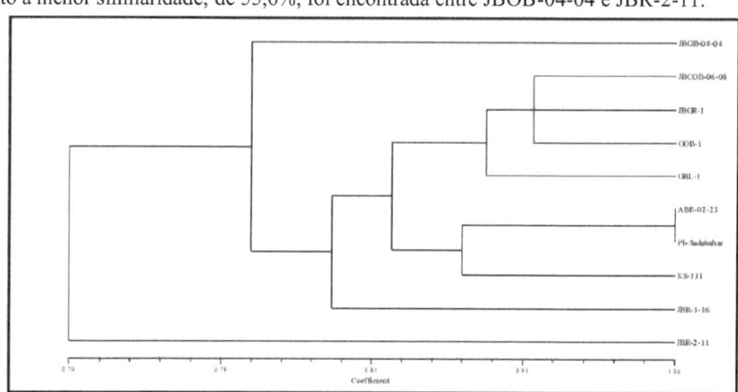

Fig. 4.6 Dendrograma representando a relação genética entre 10 genótipos de brinjal com base em todos os dados de isoenzimas

A partir desta relação, observou-se que o genótipo JBR-2-11 contribuiu com a variabilidade máxima em comparação com outros genótipos de brinjal. Foram obtidos resultados semelhantes para a isoenzima peroxidase.

Os resultados do presente estudo sugerem que existe uma variabilidade isoenzimática adequada na beringela para a variação genética. Os padrões de bandas produzidos pelas enzimas eram muito estáveis e reprodutíveis. Para além da estabilidade e da reprodutibilidade, a presença de variabilidade isozímica suficiente entre os genótipos de brinjais constitui uma vantagem para a identificação dos genótipos. Além disso, a necessidade de tempo e espaço é menor para a eletroforese do que para a caraterização morfológica através da avaliação no terreno (Pathmarajah *et al.*, 2005).

4.2.2 Perfil de proteínas por PAGE nativo
Padrão de bandas baseado no perfil proteico

Todos os dez genótipos foram testados na eletroforese em gel de poliacrilamida nativa (Native PAGE). Foram observadas sete bandas com valor Rm de 1 (0,272), 2 (0,386), 3 (0,574), 4 (0,738), 5 (0,842), 6 (0,931), 7 (0,965). O padrão de bandas de proteínas (placa 4.4) e (tabela 4.9) mostrou que a banda número 1 (0,272) estava presente nos genótipos ABR-02-23 JBGR-1 GBL-1 KS-331 e GOB-1. A banda número 2 (0,386) estava presente na maioria dos genótipos, exceto nos genótipos JBR-2-11, Pb- Sadabahar e GOB-1. A banda número 3 (0,574) também estava presente na maioria dos genótipos, exceto no genótipo Pb-Sadabahar. Banda número 4 (0,738)
estavam ausentes na maioria dos genótipos, exceto no genótipo JBGR-1. Os números de banda 5 (0,842) e 7 (0,965) estavam presentes em todos os genótipos, enquanto o número de banda 6 (0,931) estava presente na maioria dos genótipos, exceto no genótipo JBR-2-11.

Foi gerado um total de 7 bandas através da caraterização de proteínas solúveis em tampão (tampão fosfato) utilizando Native PAGE, das quais 5 bandas eram polimórficas com 71% de polimorfismo (Quadro 4.9). O valor PIC para todos os dez genótipos revelados pelo perfil proteico foi de 0,800.

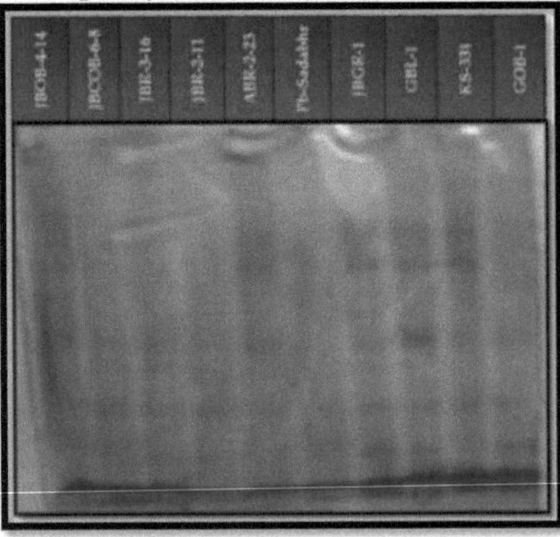

Placa 4.4: Perfil proteico gerado por eletroforese em gel de poliacrilamida aos 9 DAG de genótipos de brinjal

Tabela 4.9: Valores Rm do padrão de bandas de proteínas de plântulas de brinjal

Não.	Cultivares	Número de banda (valor Rm)						
		1 (0.272)	2 (0.386)	3 (0.574)	4 (0.738)	5 (0.842)	6 (0.931)	7 (0.965)
1	JBOB-04-04	-	+	+	-	+	+	+
2	JBCOB-06-08	-	+	+	-	+	+	+
3	JBR-3-16	-	+	+	-	+	+	+
4	JBR-2-11	-	-	+	-	+	-	+
5	ABR-02-23	+	+	+	-	+	+	+

6	Pb- Sadabahar	-	-	-	-	+	+	+
7	JBGR-1	+	+	+	+	+	+	+
8	GBL-1	+	+	+	-	+	+	+
9	KS-331	+	+	+	-	+	+	+
10	GOB- 1	+	-	+	-	+	+	+

Análise de clusters com base no perfil proteico

A análise de agrupamento foi efectuada pelo método UPGMA com base na distância genética de Nei e Lei (1979). A posição dos genótipos em diferentes grupos é apresentada na Fig. 4.7. O dendrograma construído com base na distância genética UPGMA revelou que dez genótipos de brinjal se dividem em dois grupos principais A e B com 63% de semelhança. O primeiro grupo principal A era constituído por dois genótipos JBR-2-11 e Pb-Sadabahar. O segundo grupo B foi dividido em subgrupos B1 e B2. O subgrupo B1 era constituído pelo genótipo GOB-1. O sub-cluster B2 foi dividido em classes B2 (a) e B2 (b). B2 (a) era constituído pelo genótipo JBGR-1. B2 (b) era constituído pelos genótipos JBOB-04-04, JBCOB- 06-08, JBR-3-16, ABR-02-23, GBL-1 e KS-331. Estes padrões de agrupamento indicaram que os genótipos JBR-2-11 e Pb-sadabahar tinham uma variabilidade máxima entre os outros genótipos Quadro 4.10.

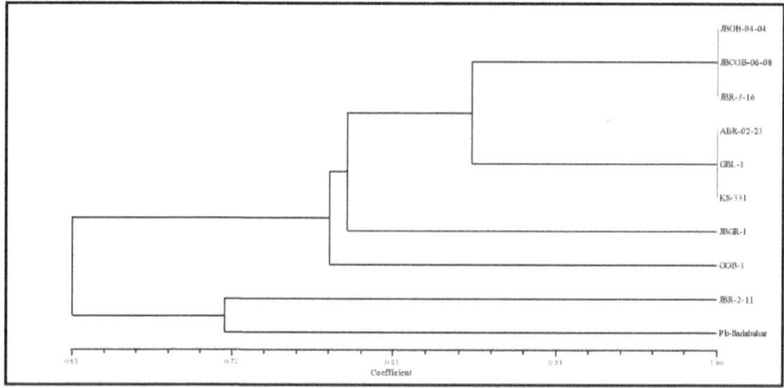

Fig. 4.7 Dendrograma que representa a relação genética entre 10 genótipos de brinjal com base em dados proteicos

Tabela 4.10: Coeficiente de semelhança de Jaccard de 10 genótipos de brinjal com base no perfil proteico

	JBOB-04-04	JBCOB-06-08	JBR-3-16	JBR-2-11	ABR-02-23	Pb-Sadabahar	JBGR-1	GBL-1	KS-331	GOB-1
JBOB-04-04	1.000									
JBCOB-06-08	1.000	1.000								
JBR-3-16	1.000	1.000	1.000							
JBR-2-11	0.714	0.714	0.714	1.000						

ABR-02-23	0.857	0.857	0.857	0.571	1.000					
Pb-Sadabahar	0.714	0.714	0.714	0.714	0.571	1.000				
JBGR-1	0.714	0.714	0.714	0.429	0.857	0.429	1.000			
GBL-1	0.857	0.857	0.857	0.571	1.000	0.571	0.857	1.000		
KS-331	0.857	0.857	0.857	0.571	1.000	0.571	0.857	1.000	1.000	
GOB-1	0.714	0.714	0.714	0.714	0.857	0.714	0.714	0.857	0.857	1.000

Elham *et al.* (2010) caracterizaram oito variedades de tomate com base nas proteínas de armazenamento de sementes por eletroforese. O padrão electroforético da proteína solúvel em água produziu 4 bandas monomórficas, 6 bandas polimórficas e 3 bandas únicas. Concluíram que as proteínas são importantes para a análise genética e indicam uma quantidade considerável de diversidade genética entre as diferentes variedades de tomate estudadas. O padrão de perfil de proteínas nativas do nosso estudo em genótipos de brinjal mostrou 2 bandas monomórficas, 4 bandas polimórficas partilhadas com pelo menos dois genótipos e 1 banda única.

Hasan *et al.* (1998) estudaram a variabilidade da beringela (*Solanum melongena* L.) e das suas espécies selvagens mais próximas, revelada por eletroforese em gel de poliacrilamida. Os resultados dos padrões de bandas electroforéticas mostraram que havia uma grande variação dentro e entre grupos de beringelas em termos de números, tamanhos, posições, intensidades de coloração e presença ou ausência de bandas proteicas no perfil, que podem ser utilizadas para a caraterização e identificação de cultivares de beringelas. Patel *et al.* (2001) mostraram que a eletroforese tem sido uma técnica muito útil na taxonomia química de variedades de sementes que diferem muito pouco em caracteres morfológicos. Esta técnica é muito útil para sementes experimentais de tamanho pequeno, como a malagueta, o tomate, a beringela e o bhindi. O zimograma de cada genótipo mostrou que o padrão de bandas de proteínas solúveis foi mais eficaz para a identificação de cultivares de malagueta, tomate e bhindi.

No entanto, em brinjal, tanto a proteína como as isozimas de peroxidase podem ser utilizadas para a identificação da cultivar. Também encontrámos uma banda única (Rm = 0,738) para o genótipo JBGR-1 utilizando o perfil de proteínas nativas, que pode ser útil para a identificação desse genótipo.

4.2.3 Análise combinada de isoenzimas e perfil proteico

Na análise combinada de isoenzimas e perfil de proteínas, o valor de PIC foi de 0,833. A análise de agrupamento foi efectuada pelo método UPGMA com base na distância genética de Nei e Lei (1979). A posição dos genótipos em diferentes grupos foi apresentada na Fig. 4.8. O dendrograma construído com base na distância genética UPGMA revelou que dez genótipos de brinjal se dividem em dois grupos principais A e B com 69% de semelhança. O primeiro grupo principal A contém apenas um genótipo JBR-2-11. O segundo grupo B foi dividido em subgrupos B1 e B2. B1 é ainda dividido em classes B1 (a) e B1 (b). A classe B1 (a) era constituída por seis genótipos ABR-02-23 Pb-Sadabahar JBGR-1 GBL-1 KS-331 GOB- 1. A classe B1 (b) era constituída pelos genótipos JBCOB-06-08 e JBR-3-16, enquanto a classe B2 era constituída pelos genótipos JBOB- 04-04. Estes agrupamentos de isoenzimas e proteínas revelaram que o genótipo JBR-2-11 apresentou uma semelhança mínima de 66% com os outros genótipos. Foram encontrados resultados semelhantes nos estudos da isoenzima peroxidase e das isoenzimas combinadas (Quadro 4.11).

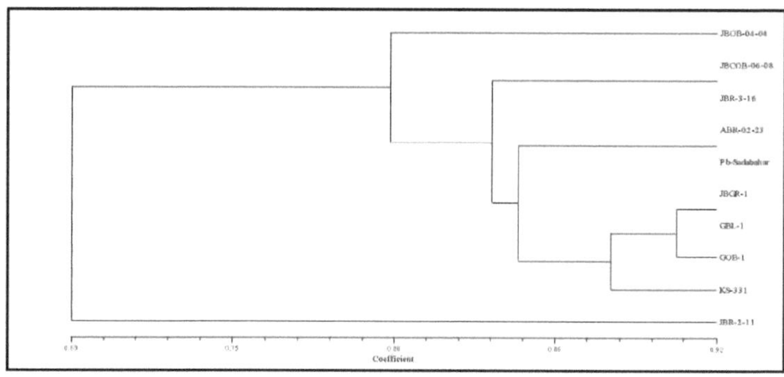

Fig. 4.8 Dendrograma representando a relação genética entre 10 genótipos de brinjal com base em todos os dados de isoenzimas e proteínas

Quadro 4.11: Coeficiente de semelhança de Jaccard de 10 genótipos de brinjal com base em todas as isoenzimas e perfis proteicos

	JBOB-04-04	JBCOB-06-08	JBR-3-16	JBR-2-11	ABR-02-23	Pb-Sadabahar	JBGR-1	GBL-1	KS-331	GOB-1
JBOB-04-04	1.000									
JBCOB-06-08	0.861	1.000								
JBR-3-16	0.778	0.917	1.000							
JBR-2-11	0.583	0.722	0.806	1.000						
ABR-02-23	0.833	0.861	0.833	0.694	1.000					
Pb-Sadabahar	0.806	0.833	0.806	0.722	0.917	1.000				
JBGR-1	0.750	0.889	0.861	0.667	0.861	0.778	1.000			
GBL-1	0.778	0.861	0.833	0.694	0.889	0.806	0.917	1.000		
KS-331	0.806	0.833	0.750	0.667	0.917	0.833	0.833	0.917	1.000	
GOB-1	0.806	0.889	0.806	0.667	0.861	0.833	0.889	0.917	0.889	1.000

4.3 MARCADORES MOLECULARES

4.3.1 Análise RAPD

Inicialmente, foi efectuado o rastreio de 25 iniciadores aleatórios utilizando ADN genómico de um genótipo. Estes 25 iniciadores foram OPA-01, OPA-09, OPA-10, OPA-14, OPA-16, OPB-06, OPB-12, OPB-18, OPB-20, OPC-04, OPC-05, OPC-09, OPC-14, OPC-17, OPG-03, OPJ-07, OPL-15, OPN-05, OPP-06, OPQ-07, OPR-01, OPS-03, OPT-13, OPV-05 e OPU-09. Em consequência, dezanove iniciadores polimórficos deram resultados satisfatórios, que foram utilizados para a amplificação posterior do ADN genómico de todos os genótipos de brinjal.

4.3.1.1 Padrão de bandas dos dados RAPD

O padrão de bandas de 19 iniciadores RAPD utilizando 10 genótipos de brinjal foi representado nas placas 4.5 a 4.14 e os padrões de polimorfismo dos iniciadores foram apresentados no quadro 4.12. Os resultados dos produtos de amplificação de cada iniciador, utilizando 10 genótipos de brinjais, foram descritos a seguir.

Tabela 4.12: Tamanho, número de bandas amplificadas, percentagem de polimorfismo e PIC obtidos pelos iniciadores RAPD

Não.	Primers RAPD	Alelo/Tamanho da banda (bp)	Número total de alelos/bandas (A)	N.º de bandas polimórficas (B)	% Polimorfismo (B/A)	Valor PIC
1	OPA-01	312-1392	9	6	66.7	0.877
2	OPA-09	207-1157	7	4	57.1	0.853

3	OPA-10	204-1371	7	5	71.4	0.811
4	OPA-14	258-1107	5	4	80.0	0.706
5	OPA-16	201-1000	9	9	100.0	0.862
6	OPB-06	306-949	3	1	33.3	0.658
7	OPB-12	154-1045	7	4	57.1	0.850
8	OPB-18	209-2659	7	7	100.0	0.837
9	OPB-20	226-1147	6	5	83.3	0.820
10	OPC-04	531-1038	3	2	66.7	0.607
11	OPC-05	191-1028	7	2	28.6	0.856
12	OPC-14	180-1693	8	5	62.5	0.833
13	OPC-17	231-809	4	4	100.0	0.716
14	OPG-03	318-807	6	3	50.0	0.798
15	OPJ-07	434-839	3	2	66.7	0.663
16	OPL-15	193-975	5	5	100.0	0.781
17	OPN-05	220-993	8	7	87.5	0.849
18	OPP-06	150-872	6	6	100.0	0.823
19	OPU-09	338-664	2	1	50.0	0.498
Média			5.8	4.3	71.6	0.774
Total			112	82	-	-

OPA-01

Um fragmento gerado por este iniciador tinha um máximo de 9 fragmentos com um tamanho que variava entre 312-1392 pb. Destes, 6 fragmentos eram polimórficos com 66,7 % de polimorfismo e o valor de PIC era de 0,877 (placa 4.5 e tabela 4.12).

OPA-09

Este iniciador amplificou um total de 7 fragmentos com um tamanho que varia entre 207-1157 pb. Destes, 4 fragmentos eram polimórficos com 57,1% de polimorfismo e o valor de PIC foi de 0,853 (placa 4.5 e tabela 4.12).

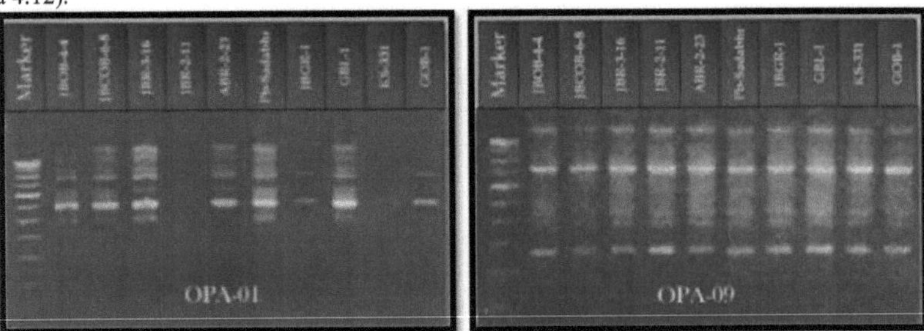

Placa 4.5: Eletroforese em gel de agarose dos produtos amplificados obtidos com os iniciadores RAPD OPA-01 e OPA-09 em comparação com uma escada de ADN de 1 kb

OPA-10

Este iniciador RAPD produziu até 7 fragmentos com um tamanho que varia entre 204-1371 pb. Destes, 5 fragmentos eram polimórficos, com 71,4 % de polimorfismo, e o valor de PIC foi de 0,811 (placa 4.6 e quadro 4.12).

OPA-14

O iniciador RAPD OPA-14 amplificou até 5 fragmentos. O tamanho variou de 2581107bp. Quatro fragmentos eram polimórficos, com 80,0 % de polimorfismo e o valor de PIC foi de 0,706 (placa 4.6 e tabela 4.12).

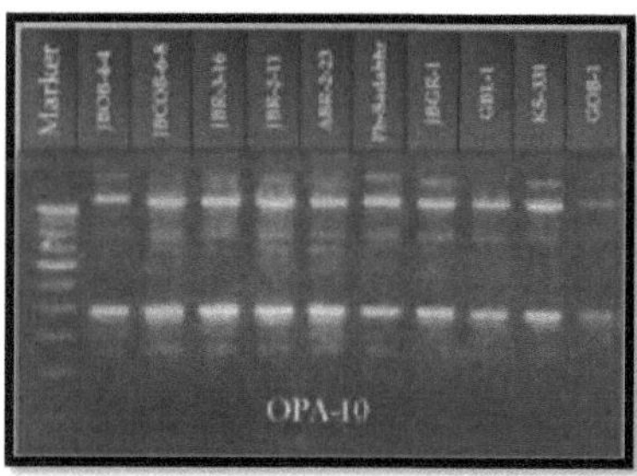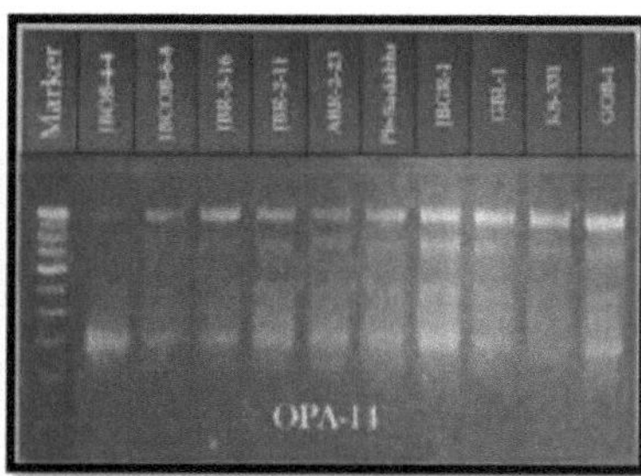

Placa 4.6: Eletroforese em gel de agarose dos produtos amplificados obtidos com os primers RAPD OPA-10 e OPA-14 em comparação com a escada de ADN de 1 kb

OPA-16

Este iniciador RAPD produziu um máximo de 9 fragmentos. O tamanho variou de 2011000 pb. Todos os fragmentos eram polimórficos, com 100 % de polimorfismo, e o valor de PIC foi de 0,863 (placa 4.7 e quadro 4.12).

OPB-06

Este iniciador RAPD gerou um máximo de 3 fragmentos com tamanhos entre 306-949 pb. Destes, apenas 1 fragmento era polimórfico com 33,3% de polimorfismo e o valor PIC era de 0,658 (placa 4.7 e quadro 4.12).

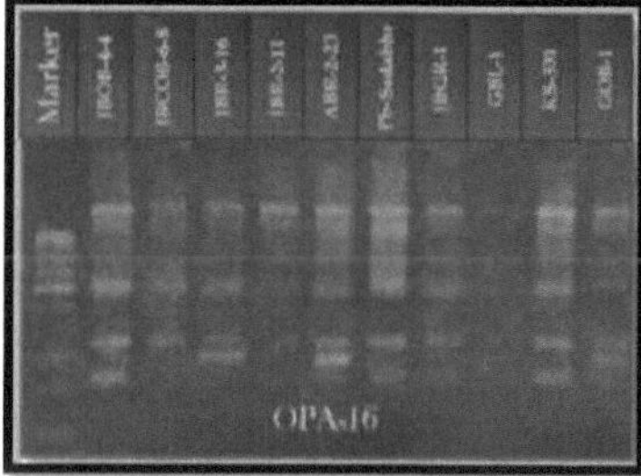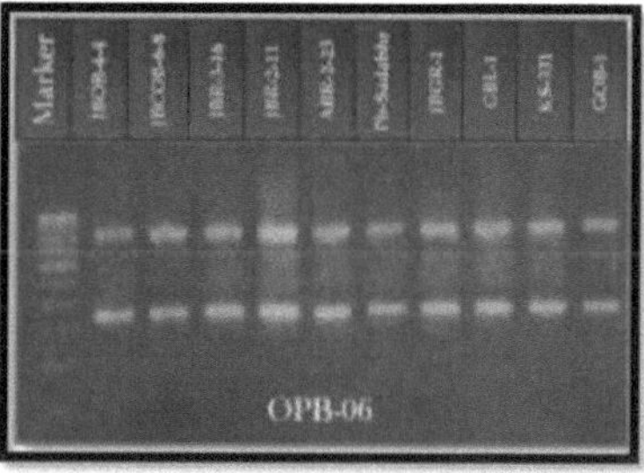

Placa 4.7: Eletroforese em gel de agarose dos produtos amplificados obtidos com os iniciadores RAPD OPA-16 e OPB-06 em comparação com uma escada de ADN de 1 kb

OPB-12

Este iniciador RAPD amplificou um total de 7 fragmentos com tamanhos compreendidos entre 154-1045. Destes, 4 fragmentos eram polimórficos com 57,1 % de polimorfismo. O valor PIC registado foi de 0,850 (placa 4.8 e quadro 4.12).

OPB-18

Este iniciador RAPD amplificou um total de 7 fragmentos com tamanhos que variam entre 209-2659. Todos os fragmentos eram polimórficos com 100% de polimorfismo. O valor PIC foi de 0,837 (placa 4.8 e quadro 4.12).

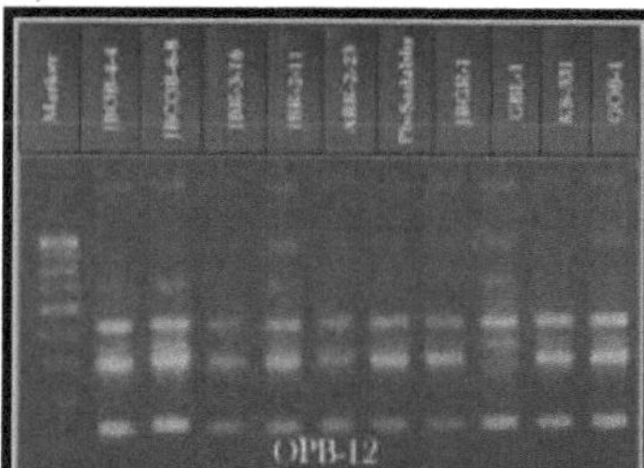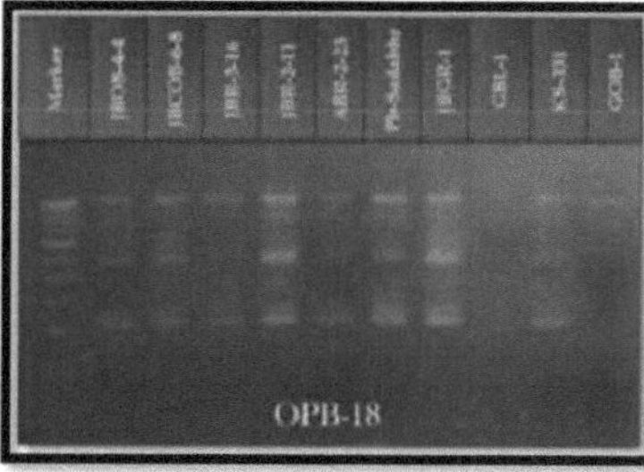

Placa 4.8: Eletroforese em gel de agarose dos produtos amplificados obtidos com os iniciadores RAPD OPB 12 e OPB 18 em comparação com a escada de ADN de 1 kb OPB 20

No total, foram gerados 6 fragmentos pelo iniciador OPB-20 com um tamanho que varia entre 226-

1147 pb. Destes, 5 fragmentos foram polimórficos com 83,3% de polimorfismo e o valor de PIC foi de 0,820 (placa 4.9 e tabela 4.12).

OPC-04

O primer OPC-04 produziu 3 fragmentos com tamanho variando de 531-1038 pb. Destes, 2 fragmentos foram polimórficos com 66,7% de polimorfismo e o valor de PIC foi de 0,607 (placa 4.9 e tabela 4.12).

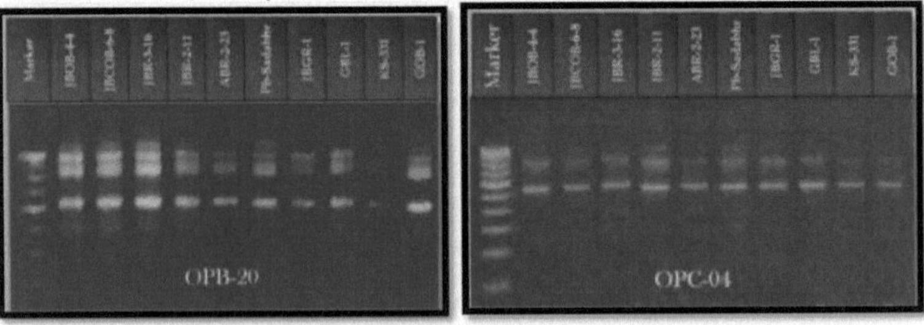

Placa 4.9: Eletroforese em gel de agarose dos produtos amplificados obtidos com os iniciadores RAPD OPB-20 e OPC-04 em comparação com uma escada de ADN de 1 kb

OPC-05

Este primer RAPD gerou 7 fragmentos com tamanho variando de 191-1028bp. Destes, apenas 2 fragmentos eram polimórficos, com 28,6% de polimorfismo e o valor de PIC foi de 0,856 (placa 4.10 e tabela 4.12).

OPC-14

Este iniciador produziu 8 fragmentos com tamanho 180-1693bp. Destes, 5 fragmentos eram polimórficos com 62,5% de polimorfismo e o valor de PIC foi de 0,833 (placa 4.10 e tabela 4.12).

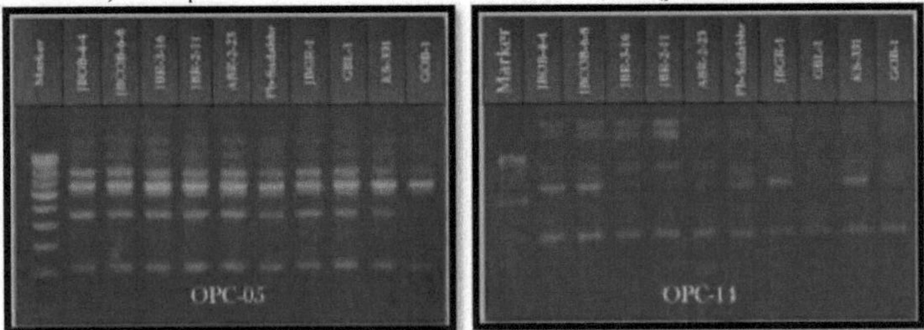

Placa 4.10: Eletroforese em gel de agarose dos produtos amplificados obtidos com os iniciadores RAPD OPPC-05 e OPC-14 em comparação com uma escada de ADN de 1 kb

OPC-17

O primer OPC-17 gerou um total de 4 fragmentos com tamanho variando de 231-809 pb.
Todos os fragmentos foram polimórficos com 100% de polimorfismo e o valor PIC foi de 0,716 (placa 4.11 e tabela 4.12).

OPG-03

Este iniciador RAPD gerou 6 fragmentos com tamanhos que variam entre 318-807 pb. Destes, 3 fragmentos eram polimórficos com 50% de polimorfismo e o valor de PIC era de 0,798 (placa 4.11 e tabela 4.12).

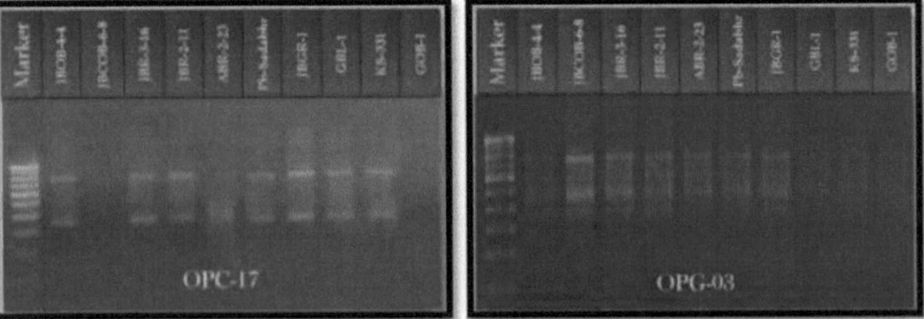

Placa 4.11: Eletroforese em gel de agarose dos produtos amplificados obtidos com os iniciadores RAPD OPC-17 e OPG-03 em comparação com uma escada de ADN de 1 kb

OPJ-07

Foi gerado um máximo de 3 fragmentos com um tamanho que varia entre 434-839 pb gerado por este iniciador RAPD. Destes, 2 fragmentos eram polimórficos com 66,7% de polimorfismo e o valor de PIC foi de 0,663 (placa 4.12 e tabela 4.12).

OPL-15

Este iniciador OPL-15 produziu um máximo de 5 fragmentos com um tamanho que varia entre 193 e 975 pb. Todos os fragmentos foram polimórficos com 100% de polimorfismo e o valor PIC foi de 0,781 (placa 4.12 e tabela 4.12).

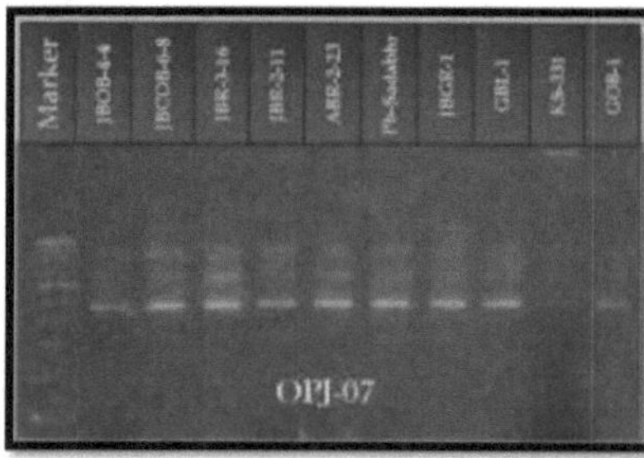
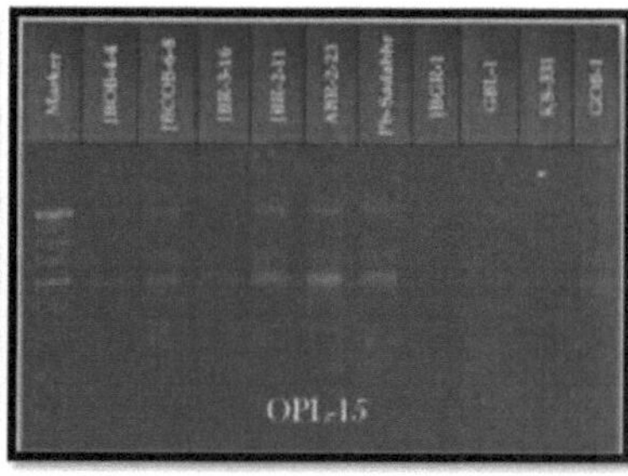

Placa 4.12: Eletroforese em gel de agarose dos produtos amplificados obtidos com os primers RAPD OPL-15 e OPJ-07, comparados com uma escada de ADN de 1 kb

OPN-05

O primer OPN-05 gerou 8 fragmentos com tamanho variando de 220-993 pb. Destes, 7 fragmentos eram polimórficos com 87,5% de polimorfismo e o valor de PIC foi de 0,849 (placa 4.13 e tabela 4.12).

OPP-06

O iniciador OPP-06 produziu um máximo de 6 fragmentos com um tamanho que varia entre 150 e 872 pb. Todos os fragmentos eram polimórficos, com 100 % de polimorfismo, e o valor de PIC foi de 0,823 (placa 4.13 e tabela 4.12).

Placa 4.13: Eletroforese em gel de agarose dos produtos amplificados obtidos com os iniciadores RAPD OPN-05 e OPP-06 em comparação com uma escada de ADN de 1 kb

OPU-09

O iniciador OPU-09 produziu um máximo de 2 fragmentos com um tamanho que varia entre 338664 pb. Desses, 1 fragmento foi polimórfico com 50% de polimorfismo e o valor de PIC foi de 0,498 (placa 4.14 e tabela 4.12).

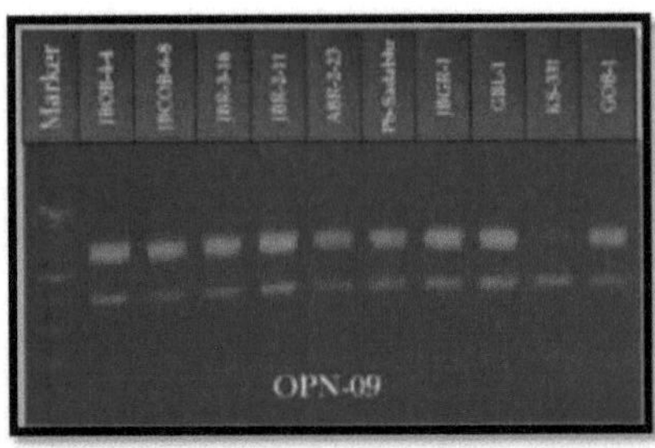

Placa 4.14: Eletroforese em gel de agarose dos produtos amplificados obtidos com os iniciadores RAPD OPN-09 em comparação com uma escada de ADN de 1 kb

A amplificação por PCR do ADN genómico, utilizando 19 iniciadores RAPD, produziu um total de 112 fragmentos que puderam ser marcados em todos os genótipos de brinjal. Todos os iniciadores selecionados amplificaram fragmentos de ADN nos dez genótipos de brinjal estudados, com o número de fragmentos amplificados a variar de 150 a 1473 pb. Dos 112 fragmentos amplificados, 82 fragmentos eram polimórficos, com uma média de 4,3 bandas polimórficas por iniciador.

Os primers OPA-01 e OPA-16 produziram um máximo de 2 bandas (Tabela 4.12). Obteve-se um polimorfismo de 100% com três primers (OPA-16, OPB-18 e OPC-17). O valor PIC encontrado situa-se no intervalo de 0,498 (OPU-09) a 0,877 (OPA-01). Com base no valor PIC, pode dizer-se que o iniciador OPA-01 foi o melhor iniciador, resultando numa boa amplificação com o valor PIC máximo (0,877).

4.3.1.2 Padrão de agrupamento utilizando dados RAPD

Um dendrograma baseado na análise UPGMA agrupou os dez genótipos de brinjal em dois grupos principais A e B (ilustrado na Fig. 4.9). Com o coeficiente de similaridade de Jaccard variando de 56% a 77% (Tabela 4.13). O grupo A incluía GOB-1, enquanto o grupo B foi dividido em dois subgrupos B1 e B2. O subagrupamento B1 incluía o KS-331 e o JBGR-1. Enquanto o subagrupamento B2 se dividiu em B2 (a) e B2 (b). O subagrupamento B2 (a) incluiu GBL-1, enquanto B2 (b) incluiu 6 genótipos (JBR-02-11, JGB-03-16, JBCOB-06- 08, ABR-02-23, Pb-Sadabahar e JBOB-04-04). O dendrograma construído com base nos dados RAPD distinguiu claramente todos os genótipos. Os genótipos Pb-Sadabahar e JBOB-04-04 foram encontrados num único grupo com um máximo de 76% de semelhança. Os dados RAPD revelaram que GOB-1 apresentou uma semelhança mínima (56%) com os outros nove genótipos.

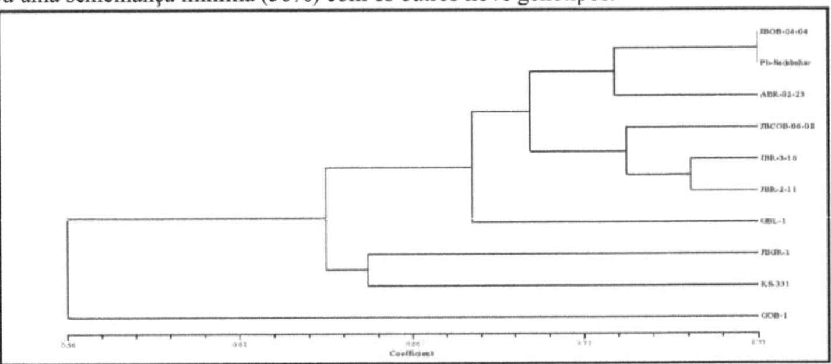

Fig. 4.9 Dendrograma que representa a relação genética entre 10 genótipos de brinjal com base nos dados RAPD

Quadro 4.13: Coeficiente de similaridade de Jaccard de 10 genótipos de brinjal com base em dados RAPD

	JBOB-04-04	JBCOB-06-08	JBR-3-16	JBR-2-11	ABR-02-23	Pb-Sadabahar	JBGR-1	GBL-1	KS-331	GOB-1
JBOB-04-04	1.000									
JBCOB-06-08	0.698	1.000								
JBR-3-16	0.698	0.728	1.000							
JBR-2-11	0.698	0.728	0.747	1.000						
ABR-02-23	0.724	0.698	0.698	0.698	1.000					
Pb-Sadabahar	0.768	0.698	0.698	0.698	0.724	1.000				
JBGR-1	0.635	0.635	0.635	0.635	0.635	0.635	1.000			
GBL-1	0.680	0.680	0.680	0.680	0.680	0.680	0.635	1.000		
KS-331	0.635	0.635	0.635	0.635	0.635	0.635	0.648	0.635	1.000	
GOB-1	0.556	0.556	0.556	0.556	0.556	0.556	0.556	0.556	0.556	1.000

Para testar a adequação do agrupamento dos dados RAPD, foram também calculadas matrizes de valores cofenéticos utilizando o programa COPH. As matrizes cofenéticas foram comparadas com as matrizes originais produzidas pelo SIMQUAL. Os gráficos de uma matriz contra a outra e as estatísticas de associação foram efectuados e calculados pelo programa MAXCOMP. O gráfico e as estatísticas dos 10 genótipos de brinjal incluídos no presente estudo são apresentados na Fig. 4.10. O coeficiente de correlação cofenética está positivamente correlacionado com as estatísticas do teste mental. No presente estudo, as estatísticas do teste mental Z foram normalizadas e o grau de adequação para uma análise de agrupamento (correlação matricial r = 0,868), tal como categorizado por Rohlf (1998), foi considerado como estando na categoria de **"boa adequação"**.

Correlação matricial: r =0,868

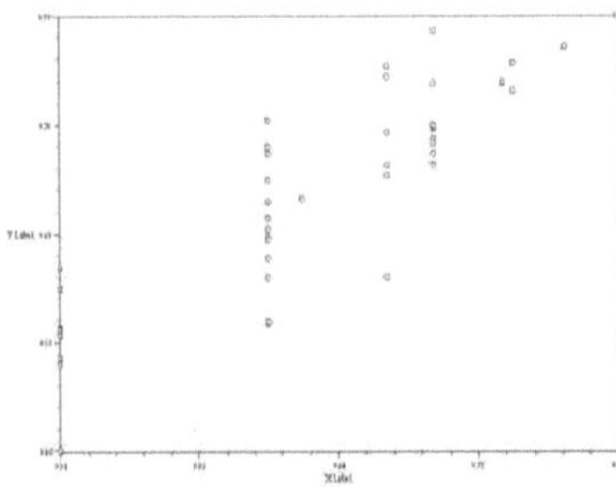

Fig. 4.10 Valores cofenéticos em relação aos coeficientes de similaridade de Jaccard a partir de dados RAPD de 10 genótipos de brinjal

Biswas *et al.* (2009) investigaram a relação genética entre dez variedades promissoras de beringela utilizando marcadores RAPD. Foram selecionados 21 iniciadores, dos quais quatro foram escolhidos. Com estes iniciadores foram obtidos 76 fragmentos claros e brilhantes, dos quais 44 fragmentos foram considerados polimórficos. Singh *et al.* (2006) estudaram a diversidade genética no género *Solanum (Solanaceae)*, revelada por marcadores RAPD. Foi obtido um total de 144 produtos amplificados polimórficos a partir de 14 iniciadores de decâmeros que discriminaram 28 acessos. Contudo, Koundal *et al.* (2006) avaliaram a diversidade genética baseada em RAPD em brinjal *(solanum melongena)*. Foi caracterizado um total de 38 acessos de brinjal, incluindo uma espécie selvagem, *Solanum sisymbrifolium*. Dos 45 iniciadores utilizados para gerar perfis RAPD, foram obtidos padrões reprodutíveis com 32 iniciadores e 30 (93,7%) destes detectaram polimorfismo. Obteve-se um total de 149 bandas, das quais 108 (72,4%) eram polimórficas. No nosso estudo, utilizámos um total de 25 iniciadores para gerar perfis RAPD e 19 (76%) destes detectaram um polimorfismo satisfatório. Obteve-se um total de 112 bandas, das quais 82 (73,2%) eram polimórficas.

Nunome *et al.* (2001) mapearam as caraterísticas de desenvolvimento da forma e da cor dos frutos na beringela (*Solanum melongena* L.) com base em RAPD. Construíram um mapa de ligação da beringela utilizando uma população F2 derivada de um cruzamento entre uma linha de reprodução, EPL-1, e uma linha introduzida, WCGR112-8, da Índia. As linhas parentais foram selecionadas com 1.232 iniciadores aleatórios para RAPD. O mapa de ligação mostrou 88 loci RAPD. O nosso estudo demonstrou que o genótipo GOB-1 tem uma forma de fruto oblonga com uma cor púrpura-escura e também apresenta a maior altura de planta. No padrão de agrupamento RAPD, este genótipo foi encontrado sozinho com um mínimo de 56% de semelhança com outros 9 genótipos.

4.3.2 Análise ISSR

4.3.2.1 Padrão de bandas dos dados ISSR

O padrão de bandas de 10 iniciadores ISSR ancorados utilizando 10 genótipos de brinjal foi representado nas placas 4.15 a 4.19 e os padrões de polimorfismo dos iniciadores foram apresentados no quadro 4.14. Os resultados dos produtos de amplificação de cada iniciador, utilizando 10 genótipos de brinjais, foram descritos a seguir.

Primário P1

Foi observado um máximo de 4 fragmentos quando o iniciador ISSR P1 foi utilizado para a amplificação por PCR. O tamanho dos fragmentos variou de 213-1088 pb. Dos 4 fragmentos, apenas 1 fragmento era polimórfico com 25 % de polimorfismo e o valor de PIC foi de 0,749 (placa 4.15 e tabela 4.14).

Primário P2

O iniciador P2 amplificou um máximo de 6 fragmentos com um tamanho que varia entre 326-3551 pb. Destes, 3 fragmentos eram polimórficos com 50 % de polimorfismo e o valor de PIC foi de 0,813 (placa 4.15 e tabela 4.14).

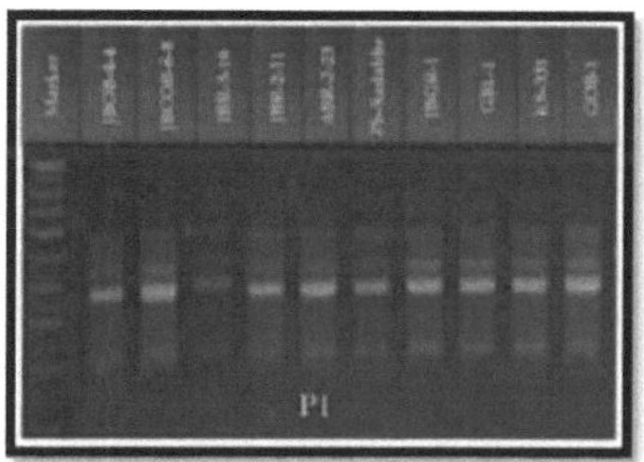
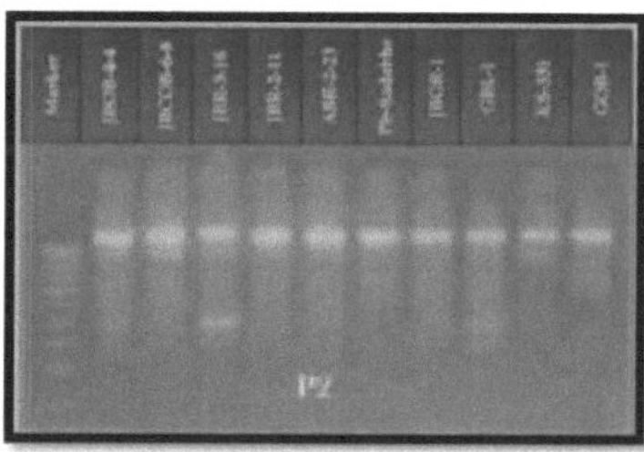

Placa 4.15: Eletroforese em gel de agarose dos produtos amplificados obtidos com os iniciadores ISSR P1 e P2 em comparação com uma escada de ADN de 1 kb

Primário P3

O iniciador SSR P3 amplificou um máximo de 5 fragmentos com um tamanho que varia entre 214743 pb. Dos 5 fragmentos, 2 fragmentos eram polimórficos com 40 % de polimorfismo e o valor PIC foi de 0,791 (placa 4.16 e tabela 4.14).

Primário P4

Este iniciador ISSR produziu um máximo de 9 fragmentos com um tamanho que varia entre 113 e 1839 pb. Todos os fragmentos eram polimórficos, com 100% de polimorfismo, e o valor de PIC foi de 0,849 (placa 4.16 e tabela 4.14).

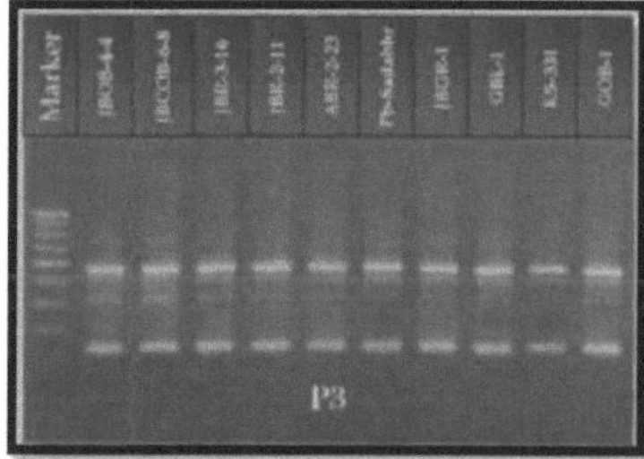
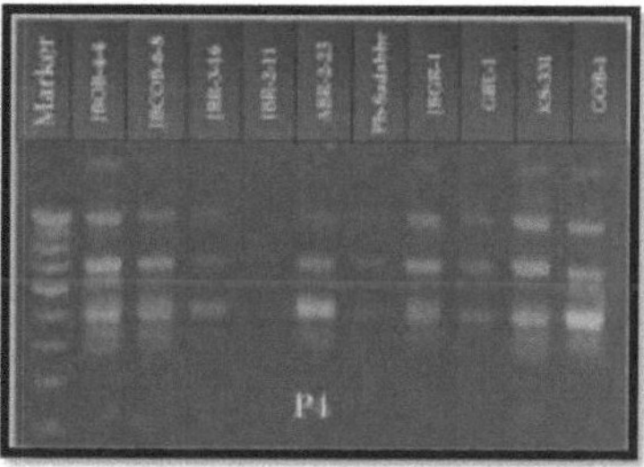

Placa 4.16: Eletroforese em gel de agarose dos produtos amplificados obtidos com os iniciadores ISSR P3 c P4 cm comparação com uma escada de ADN de 1 kb

Primário P5

Um total de 7 fragmentos foram amplificados quando este iniciador P5 foi utilizado. O tamanho dos fragmentos variou de 242-2337 pb. Destes, 4 fragmentos eram polimórficos com 57,14 % de polimorfismo e o valor PIC foi de 0,827 (placa 4.17 e tabela 4.14).

Primário P6

Foi amplificado um máximo de 8 fragmentos quando este marcador ISSR foi utilizado. O tamanho dos fragmentos variou de 275-1181 pb. Todos os 8 fragmentos eram polimórficos, com 100 % de polimorfismo, e o valor de PIC foi de 0,833 (placa 4.17 e tabela 4.14).

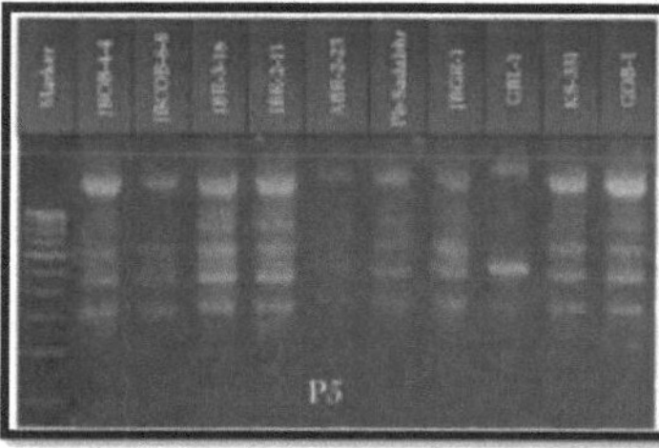
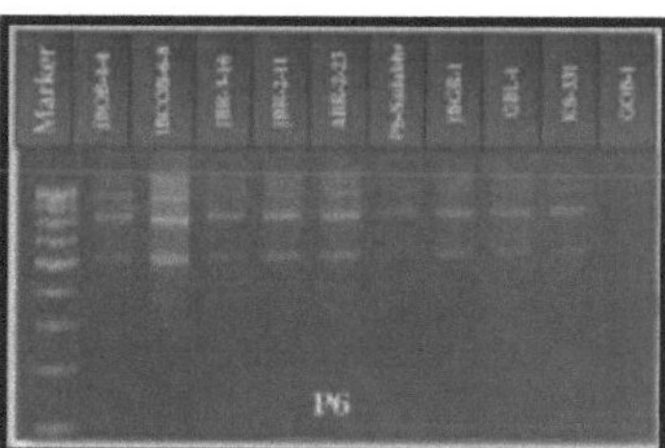

Placa 4.17: Eletroforese em gel de agarose dos produtos amplificados obtidos com os iniciadores ISSR P5 E P6 em comparação com uma escada de ADN de 1 kb

Primário P7

Este marcador ISSR produziu um total de 7 fragmentos com um tamanho que varia entre 173-1620bp. Destes, 5 fragmentos eram polimórficos com 71,42% de polimorfismo e o valor de PIC foi de 0,852 (placa

4.18 e tabela 4.14).

Primário P8

Foi amplificado um máximo de 7 fragmentos quando foi utilizado o marcador P8. O tamanho dos fragmentos variou de 298-3744 pb. Destes, 5 fragmentos eram polimórficos com 71,42 % de polimorfismo e o valor de PIC foi de 0,847 (placa 4.18 e tabela 4.14).

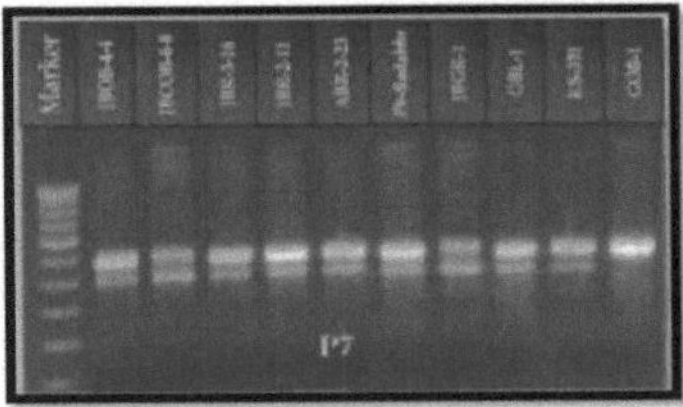
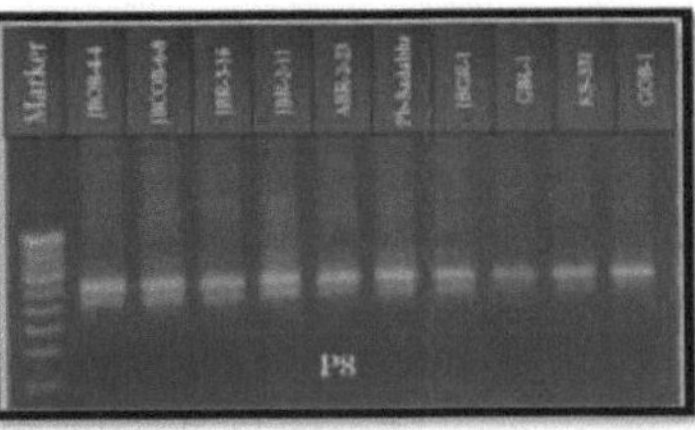

Placa 4.18: Eletroforese em gel de agarose dos produtos amplificados obtidos com os iniciadores ISSR P7 E P8 em comparação com uma escada de ADN de 1 kb

Cartilha P9

Este marcador ISSR amplificou um máximo de 8 fragmentos com um tamanho que varia entre 204 e 1288 pb. Destes, 4 fragmentos eram polimórficos com 50 % de polimorfismo e o valor PIC era de 0,810 (placa 4.19 e quadro 4.14).

Primário P10

Este marcador ISSR amplificou um máximo de 9 fragmentos com um tamanho que varia entre 229 e 2057 pb. Dos quais 5 fragmentos eram polimórficos com 55,55 % de polimorfismo e o valor PIC era de 0,877 (placa 4.19 e quadro 4.14).

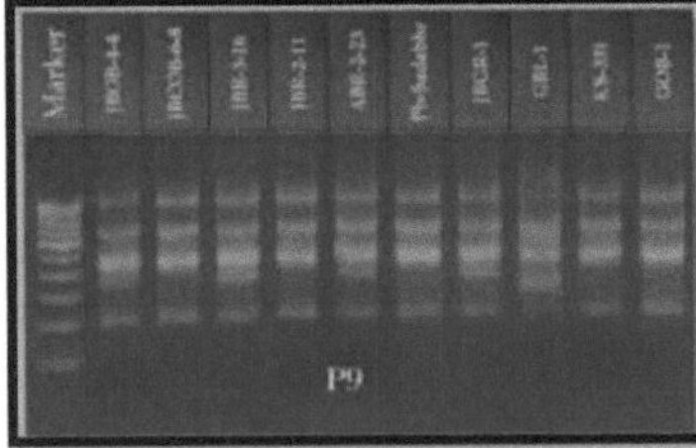

Placa 4.19: Eletroforese em gel de agarose dos produtos amplificados obtidos com os iniciadores ISSR P9 e P10 em comparação com uma escada de ADN de 1 kb

Os iniciadores ISSR produziram diferentes números de fragmentos de ADN, consoante os seus motivos de repetição de sequência simples. Os 10 iniciadores ISSR produziram um total de 70 bandas em dez genótipos de brinjal, das quais 46 bandas eram polimórficas. O tamanho variou de 113-3744 pb. Os iniciadores P4 e P10 produziram um máximo de 9 bandas, enquanto o iniciador P1 produziu um mínimo de 4 bandas. Obteve-se um polimorfismo de 100% com 2 primers (Primer P4 e P6). O número médio de bandas polimórficas por iniciador foi de 4,6. Os valores de PIC variaram de 0,749 (Primer P1) a 0,877 (Primer P9) com uma média de 0,824 (Tabela 4.14). Com base no valor PIC, pode-se dizer que o primer P10 foi o melhor primer, resultando em boa amplificação com valor PIC máximo (0,877).

Tabela 4.14: Tamanho, número de bandas amplificadas, percentagem de polimorfismo e PIC obtidos pelos iniciadores ISSR

Não.	Primários ISSR	Alelo/Tamanho da banda (bp)	Número total de alelos/ bandas (A)	N.º de bandas polimórficas (B)	% Polimorfismo (B/A)	Valor PIC
1	P1	213-1088	4	1	25	0.749
2	P2	326-3551	6	3	50	0.813
3	P3	214-743	5	2	40	0.791

4	P4	113-1839	9	9	100	0.849
5	P5	242-2337	7	4	57.14	0.827
6	P6	275-1181	8	8	100	0.833
7	P7	173-1620	7	5	71.42	0.852
8	P8	298-3744	7	5	71.42	0.847
9	P9	204-1288	8	4	50	0.810
10	P10	229-2057	9	5	55.55	0.877
Média			7	4.6	62.05	0.824
Total			70	46	-	-

4.3.2.2 Padrão de agrupamento utilizando dados ISSR

A Fig. 4.11 apresenta um dendrograma baseado na análise UPGMA de dez genótipos de brinjal com dados ISSR. O coeficiente de similaridade de Jaccard variou entre 68% e 93%. O dendrograma gerado pelos dados moleculares ISSR deu origem a dois grupos principais, os grupos A e B. O grupo A incluía o KS-331 e o GBL-1.O agrupamento B dividiu-se em B1 e B2, B1 incluiu GOB-1, enquanto o subagrupamento B2 se dividiu em B2(a) e B2(b), incluindo JBCOB-04-04 e B2(b), e as subclasses a e b incluíram JBR-02-11 e JBR-03-16 na subclasse a, enquanto a subclasse b se dividiu e incluiu JBCOB-06-08, ABR-02- 23 Pb-Sadabahar e JBGR-1. Assim, os resultados indicaram que foi encontrada uma semelhança máxima de 92,8% entre Pb-Sadabahar e JBGR-1 (Quadro 4.15). Morfologicamente, estes genótipos têm um caule único de cor verde, enquanto os outros 8 genótipos têm um caule de cor verde escura ou verde violeta.

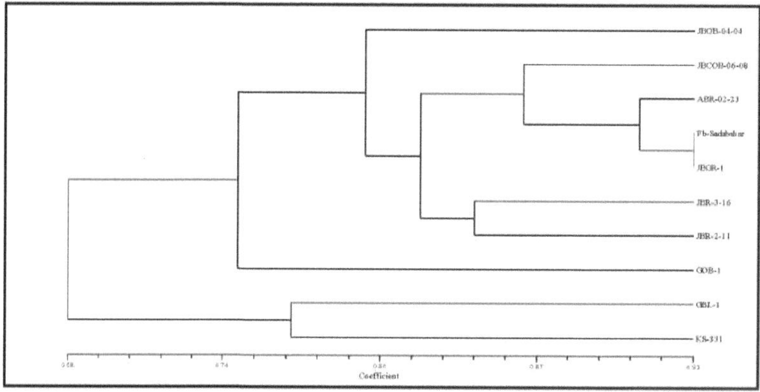

Fig.4.11: Dendrograma que representa a relação genética entre 10 genótipos de brinjal com base nos dados ISSR

Quadro 4.15: Coeficiente de similaridade de Jaccard de 10 genótipos de brinjal com base em dados ISSR

	JBOB-04-04	JBCOB-06-08	JBR-3-16	JBR-2-11	ABR-02-23	Pb-Sadabahar	JBGR-1	GBL-1	KS-331	GOB-1
JBOB-04-04	1.000									
JBCOB-06-08	0.783	1.000								

JBR-3-16	0.783	0.739	1.000						
JBR-2-11	0.768	0.754	0.841	1.000					
ABR-02-23	0.812	0.855	0.826	0.841	1.000				
Pb-Sadabahar	0.812	0.855	0.826	0.899	0.913	1.000			
JBGR-1	0.826	0.870	0.841	0.826	0.899	0.928	1.000		
GBL-1	0.681	0.580	0.696	0.681	0.696	0.696	0.652	1.000	
KS-331	0.768	0.696	0.696	0.681	0.696	0.725	0.681	0.768	1.000
GOB-1	0.797	0.783	0.638	0.710	0.725	0.812	0.768	0.565	0.681	1.000

Para testar a adequação do agrupamento dos dados ISSR (Fig. 4.12), a matriz de valores cofenéticos também foi calculada utilizando o programa COPH, da mesma forma que na análise RAPD. No presente estudo, as estatísticas do teste mental Z também foram normalizadas e o grau de adequação para uma análise de agrupamento (correlação matricial r = 0,871), conforme categorizado por Rohlf (1998), foi considerado como estando na categoria de **"boa adequação"**.

Correlação matricial: r =0,87

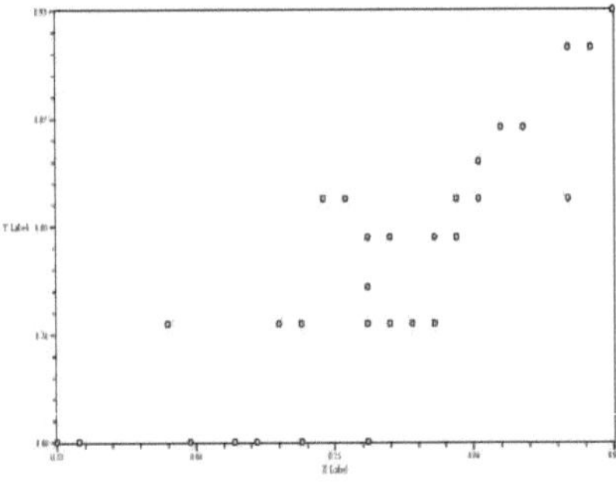

Fig.4.12: Valores cofenéticos em relação aos coeficientes de similaridade de Jaccard a partir de dados ISSR de 10 genótipos de brinjal

Semelhante ao presente estudo, Tiwari *et al.* (2009) trabalharam na caraterização molecular de 19 cultivares de brinjal (*solanum melongena* L.) utilizando marcadores ISSR. Um total de 23 primers ISSR ancorados e não ancorados produziu 299 fragmentos. Destes, 56 (18,73%) fragmentos ISSR eram polimórficos. Todas as cultivares puderam ser distinguidas com base nos perfis ISSR. No entanto, utilizámos 10 primers ISSR ancorados que geraram um total de 70 bandas em dez genótipos de brinjal, das quais 46 bandas (65,7%) eram polimórficas. Isshiki *et al.* (2008) e Toppino *et al.* (2008) também observaram variações de ISSR na beringela (*Solanum melongena* L.) e em espécies afins de *Solanum*.

4.3.3 Análise SSR

Com base na literatura (Tumbllen *et al.*, 2009), foram selecionados para o presente estudo de análise SSR um total de 10 iniciadores SSR que produziram amplificação em genótipos de brinjal.

4.3.3.1 Padrão de bandas dos dados SSR

O padrão de bandas de 10 iniciadores SSR utilizando 10 genótipos de brinjal foi representado nas placas 4.20 a 4.24 e os padrões de polimorfismo dos iniciadores foram apresentados no quadro 4.16. Os resultados dos produtos de amplificação de cada iniciador, utilizando 10 genótipos de brinjais, foram descritos a seguir.

sgn|E513845

Este iniciador SSR amplificou um fragmento. O tamanho dos fragmentos foi de 84 pb. A banda estava presente em todos os genótipos (placa 4.20 e tabela 4.16).

sgn|E514583

Este iniciador SSR amplificou um fragmento. O tamanho do fragmento amplificado foi de 393 (placa 4.20 e quadro 4.16).

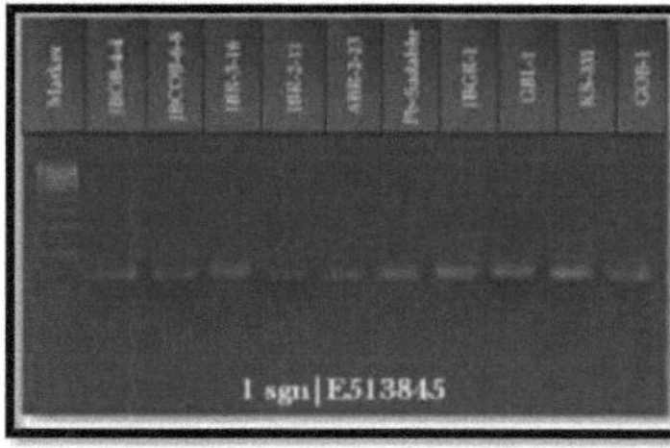
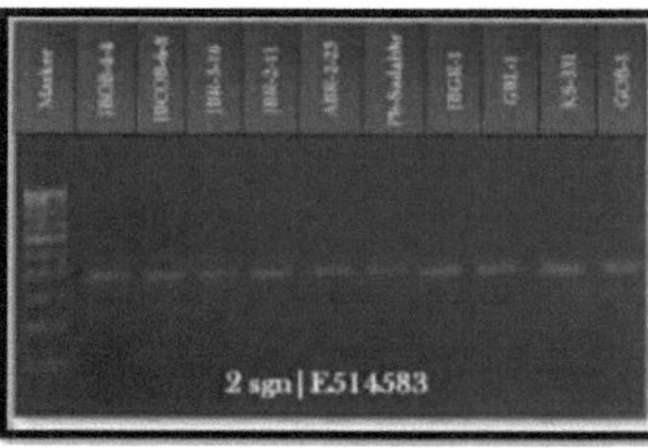

Placa 4.20: Eletroforese em gel de agarose dos produtos amplificados obtidos com os primers SSR sgn|E513845 e sgn|E514583 em comparação com uma escada de ADN de 1 kb

sgn|E514601

Este iniciador SSR amplificou apenas um fragmento. O tamanho do fragmento variou de 173 pb. Um fragmento era polimórfico, com 100 % de polimorfismo (placa 4.21 e quadro 4.16).

sgn|E514602

Este iniciador SSR amplificou apenas um fragmento. O tamanho do fragmento foi de 209 pb. Um fragmento era polimórfico, com 100% de polimorfismo (placa 4.21 e tabela 4.16).

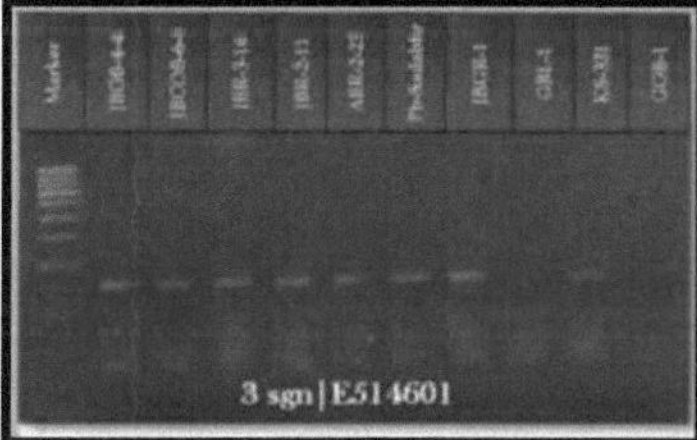
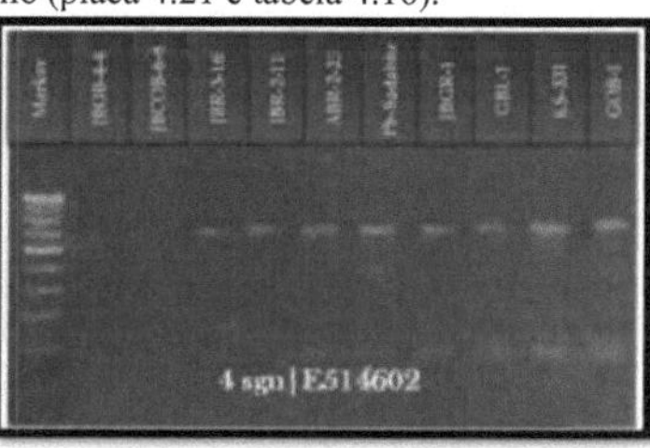

Placa 4.21: Eletroforese em gel de agarose dos produtos amplificados obtidos com os primers SSR sgn|E514601 e sgn|E514602 em comparação com uma escada de ADN de 1 kb

sgn|E514645

Este iniciador SSR amplificou apenas um fragmento. O tamanho do fragmento foi de 191 pb (Placa 4.22 e Quadro 4.16).

sgn|E514647

Este iniciador SSR amplificou um fragmento. O tamanho do fragmento foi de 458 pb. Um fragmento era polimórfico, com 100 % de polimorfismo (placa 4.22 e quadro 4.16).

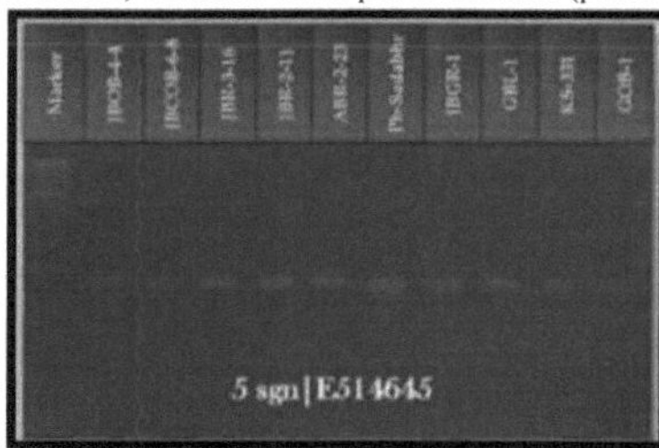
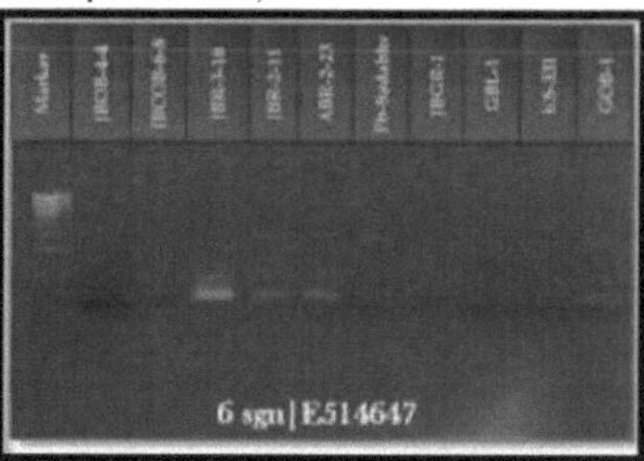

Placa 4.22: Eletroforese em gel de agarose dos produtos amplificados obtidos com os primers SSR sgn|E514645 e sgn|E514647 em comparação com uma escada de ADN de 1 kb

sgn|E513913

Este iniciador SSR amplificou um fragmento. O tamanho do fragmento foi de 138 pb (placa
4.23 e Quadro 4.16).

sgn|E513947

Este iniciador SSR amplificou um fragmento. O tamanho do fragmento foi de 249 pb. Um fragmento
era polimórfico, com 100 % de polimorfismo (placa 4.23 e quadro 4.16).

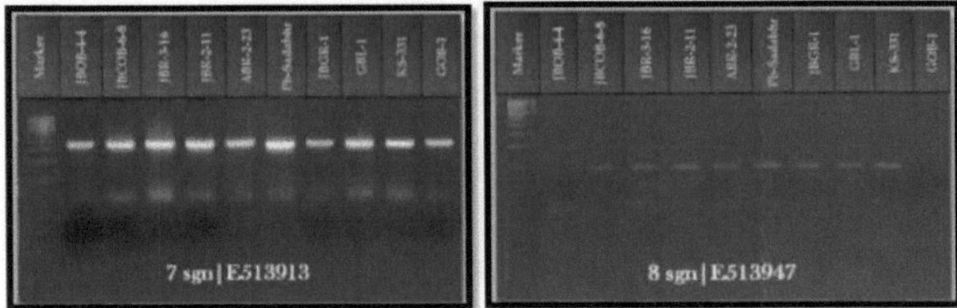

**Placa 4.23: Eletroforese em gel de agarose dos produtos amplificados obtidos com os primers SSR
sgn|E513913 e sgn|E513947 em comparação com uma escada de ADN de 1 kb**

sgn|E515884

Este iniciador SSR amplificou um fragmento. O tamanho do fragmento foi de 475 pb. A
foi polimórfico, com 100 % de polimorfismo (placa 4.24 e quadro 4.16).

sgn|E516012

Este iniciador SSR amplificou um fragmento com 117 pb (placa 4.24 e tabela
4.16).

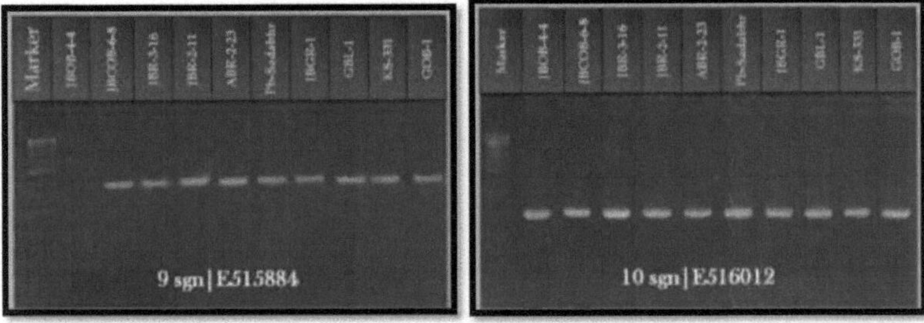

**Placa 4.24: Eletroforese em gel de agarose dos produtos amplificados obtidos com os primers SSR
sgn|E515884 e sgn|E516012 em comparação com uma escada de ADN de 1 kb**

Os primers SSR produziram diferentes números de fragmentos de ADN, dependendo dos seus motivos
de repetição de sequência simples. Os 10 primers SSR produziram 10 bandas em dez genótipos, dos quais
cinco eram 100% polimórficos (sgn|E514601, sgn|E514602, sgn|E513947, sgn|E513947 e sgn|E515884)
(Tabela 4.16). Entre eles, o tamanho máximo do alelo amplificado foi de 475 pb (sgn|E513947) e o tamanho
mínimo do alelo amplificado foi de 84 pb (sgn|E513845).

**Tabela 4.16: Tamanho, número de bandas amplificadas, percentagem de polimorfismo e PIC obtidos
pelos iniciadores SSR**

Não.	Primários SSR	Alelo/Tamanho da banda (bp)	Número total de alelos/ bandas (A)	N.º de bandas polimórficas (B)	% Polimorfismo (B/A)	Valor PIC
1	sgn|E513845	84	1	0	0	0
2	sgn|E514583	393	1	0	0	0
3	sgn|E514601	173	1	1	100	0
4	sgn|E514602	209	1	1	100	0
5	sgn|E514645	191	1	0	0	0
6	sgn|E514647	458	1	1	100	0
7	sgn|E513913	138	1	0	0	0

8	sgn|E513947	249	1	1	100	0
9	sgn|E515884	475	1	1	100	0
10	sgn|E516012	117	1	0	0	0
Média			1	0.5	50	0
Total			10	5	-	-

4.3.3.2 Padrão de agrupamento utilizando dados SSR

Um dendrograma baseado na análise UPGMA de dez genótipos de brinjal com dados SSR é apresentado na Fig. 4.13. O coeficiente de similaridade de Jaccard variou de 63,6% a 100% (Tabela 4.17). O dendrograma gerado pelos dados moleculares SSR deu origem a dois grupos principais, os grupos A e B. O grupo A foi dividido em dois subgrupos A1 e A2. O grupo A1 incluía GOB- 1 e o subgrupo A2 dividia-se em A2 (a) e A2 (b). A2 (a) era constituído por GBL-1, enquanto A2 (b) era constituído por JBCOB-06-08, JBR-3-16, JBR-2-11, ABR-02-23, Pb-Sadabahar, JBGR-1 e KS-331. O grupo B incluía apenas um genótipo JBOB-04-04. Assim, os dados SSR revelaram que JBOB-04-04 apresentou variabilidade máxima em comparação com os outros nove genótipos.

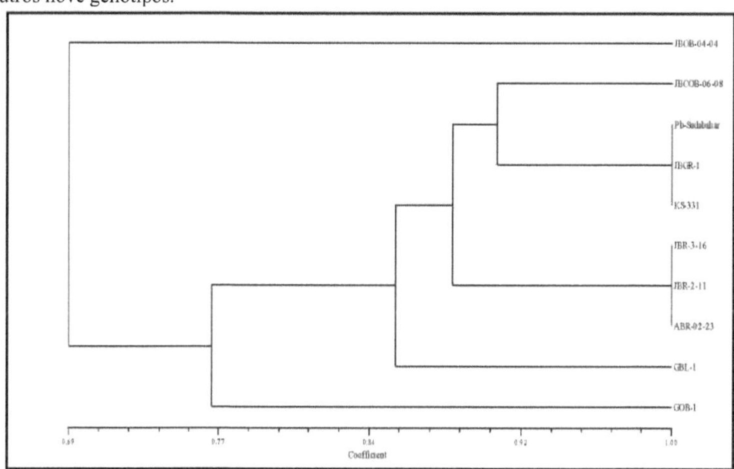

Fig.4..12 Dendrograma representando a relação genética entre 10 genótipos de brinjal com base nos dados SSR

Tabela 4.17: Coeficiente de similaridade de Jaccard de 10 genótipos de brinjal com base em **SSR**

	JBOB-04-04	JBCOB-06-08	JBR-3-16	JBR-2-11	ABR-02-23	Pb-Sadabahar	JBGR-1	GBL-1	KS-331	GOB-1
JBOB-04-04	1.000									
JBCOB-06-08	0.818	1.000								
JBR-3-16	0.636	0.818	1.000							
JBR-2-11	0.636	0.818	1.000	1.000						

ABR-02-23	0.636	0.818	1.000	1.000	1.000					
Pb-Sadabahar	0.727	0.909	0.909	0.909	0.909	1.000				
JBGR-1	0.727	0.909	0.909	0.909	0.909	1.000	1.000			
GBL-1	0.636	0.818	0.818	0.818	0.818	0.909	0.909	1.000		
KS-331	0.727	0.909	0.909	0.909	0.909	1.000	1.000	0.909	1.000	
GOB-1	0.636	0.636	0.818	0.818	0.818	0.727	0.727	0.818	0.727	1.000

Para testar a adequação do agrupamento dos dados SSR, foram também calculadas matrizes de valores cofenéticos utilizando o programa COPH (Fig. 4.14). No presente estudo, a estatística do teste mental Z também foi normalizada e o grau de adequação para uma análise de agrupamento (correlação de matriz r = 0,911), conforme categorizado por Rohlf (1998), foi considerado como estando na categoria de **"muito boa adequação"**.

Correlação matricial: r = 0,911

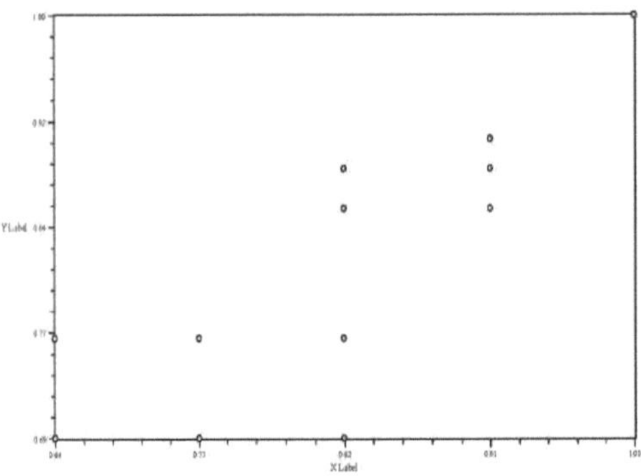

Fig.4..13 Valores cofenéticos em relação aos coeficientes de similaridade de Jaccard dos dados SSR de 10 genótipos de brinjal

A utilidade dos ensaios SSR para a análise da diversidade de beringelas e a discriminação taxonómica foi demonstrada através da construção de uma filogenia baseada em polimorfismos SSR por Stagel *et al.* (2008). Falcon *et al.* (2008) estudaram a diversidade da beringela *Almagro* e de acessos *andaluzes* com traços morfológicos e marcadores moleculares SSRs com o objetivo de obter uma impressão digital caraterística da beringela *Almagro*. Os SSRs revelaram-se úteis para detetar diferenças entre os acessos *Almagro* e *Andaluzia* estreitamente relacionados.

Os marcadores SSR foram identificados por Tumbllen *et al.* (2009) a partir de uma biblioteca de etiquetas de sequência expressa de *S. melongena* e utilizados para a análise de 47 acessos de beringela e espécies estreitamente relacionadas. Os marcadores apresentaram um polimorfismo muito bom nas 18 espécies testadas, incluindo 8 acessos *de S. melongena*. Selecionámos 10 iniciadores SSR que deram origem a 5 alelos monomórficos e 5 polimórficos com 50% de polimorfismo. Além disso, a análise genética efectuada com estes marcadores mostrou concordância com investigações anteriores e conhecimentos sobre a domesticação da beringela. Espera-se que estes marcadores sejam um recurso valioso para estudos de relações genéticas, impressão digital e mapeamento de genes na beringela.

4.3.4 Padrão de agrupamento baseado em dados RAPD, ISSR e SSR

Os dados RAPD, ISSR e SSR foram combinados para a análise de agrupamento UPGMA. O dendrograma UPGMA obtido a partir da análise de agrupamento dos dados RAPD, ISSR e SSR é apresentado no quadro 4.18. O coeficiente de similaridade variou de 68% a 82%. A análise de agrupamento efectuada a partir da combinação de dados de marcadores gerou um dendrograma que separou os genótipos em dois agrupamentos distintos, os agrupamentos A e B com 68% de semelhança (Fig. 4.15). O primeiro grupo A envolveu GOB- 1. O grupo B dividiu-se em subgrupos B1 e B2, o subgrupo B1 dividiu-se em B1(a) e B1(b), B1(a) envolveu KS-331 enquanto B1(b) incluiu GBL-1. O subgrupo B2 dividiu-se em B2 (a) e B2 (b), sendo que B2 (a) incluía o genótipo JBOB-04-04. Enquanto B2 (b) envolveu 6 genótipos (JBCOB-06-08, JBR-3-16, JBR-2-11, ABR-02-23, Pb-Sadabahar e JBGR-1).

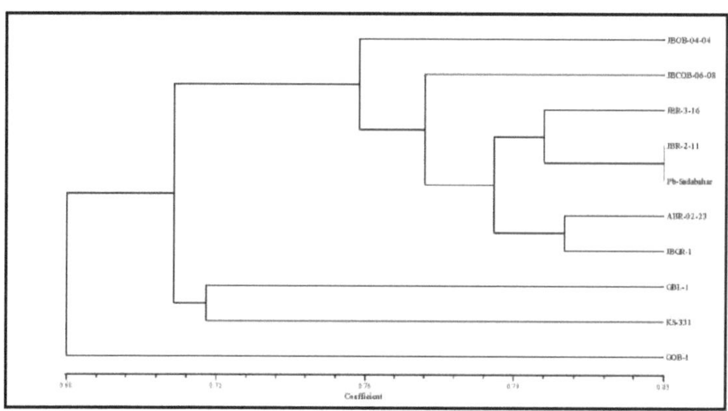

Fig.4.14

O dendrograma construído com dados combinados de RAPD, ISSR e SSR distinguiu todos os genótipos em dois grupos. Assim, a análise combinada revelou que, dos dez genótipos, JBCB-04-04 e GOB-1 apresentaram uma semelhança máxima de 83,3%. A menor similaridade, de 63%, foi encontrada entre GBL-1 e GOB-1 (Tabela 4.18). O mesmo resultado de maior variabilidade entre estes genótipos foi encontrado pelos marcadores RAPD e ISSR individualmente.

Quadro 4.18: Coeficiente de similaridade de Jaccard de 10 genótipos de brinjal com base em dados agrupados de RAPD, ISSR e SSR

	JBOB-04-04	JBCOB-06-08	JBR-3-16	JBR-2-11	ABR-02-23	Pb-Sadabahar	JBGR-1	GBL-1	KS-331	GOB-1
JBOB-04-04	1.000									
JBCOB-06-08	0.755	1.000								
JBR-3-16	0.740	0.766	1.000							
JBR-2-11	0.724	0.760	0.818	1.000						
ABR-02-23	0.776	0.781	0.786	0.781	1.000					
Pb-Sadabahar	0.797	0.781	0.786	0.833	0.823	1.000				
JBGR-1	0.729	0.766	0.760	0.786	0.807	0.797	1.000			
GBL-1	0.708	0.672	0.750	0.703	0.672	0.745	0.646	1.000		
KS-331	0.714	0.667	0.703	0.729	0.698	0.740	0.724	0.714	1.000	
GOB-1	0.714	0.719	0.641	0.677	0.677	0.698	0.703	0.630	0.635	1.000

Para testar a adequação do agrupamento dos dados RAPD, ISSR e SSR, foram também calculadas matrizes de valores cofenéticos utilizando o programa COPH (Fig. 4.16). No presente estudo, a estatística de teste mental Z também foi normalizada e o grau de adequação para uma análise de agrupamento (correlação matricial r = 0,871), conforme categorizado por Rohlf (1998), foi considerado como estando na categoria de **"boa adequação"**.

Correlação matricial: r = 0,871

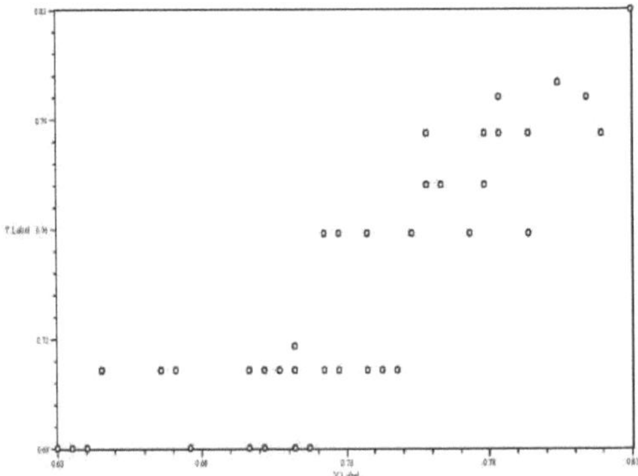

Fig.4.15 Valores cofenéticos em relação aos coeficientes de similaridade de Jaccard a partir de dados agrupados de RAPD, ISSR e SSR de 10 genótipos de brinjal

4.4 Padrão de agrupamento baseado em marcadores bioquímicos e moleculares agrupados

Os dados de todos os marcadores bioquímicos e moleculares foram analisados coletivamente para descobrir se podiam diferenciar os genótipos de uma forma melhor do que apenas os marcadores bioquímicos ou moleculares.

O coeficiente de similaridade de Jaccard e a análise de agrupamento com o método UPGMA diferenciaram os genótipos e os resultados obtidos foram semelhantes ao estudo agrupado de marcadores moleculares. Foi observado um coeficiente de semelhança estreito nos dados agrupados, variando entre 70% e 84%. O dendrograma construído formou dois agrupamentos distintos - A e B (Fig. 4.17). O grupo A incluiu apenas um genótipo GOB-1. O grupo B incluiu dois subgrupos B1 e B2. O subagrupamento B1 incluía dois genótipos GBL-1 e KS-331. O subagrupamento B2 dividiu-se ainda em B2 (a) e B2 (b). O B2 (a) incluía seis genótipos (JBCOB-06-08, JBR-3-16, JBR-2-11, ABR-02-23, Pb-Sadabahar e JBGR-1). Enquanto B2 (b) incluía o genótipo JBOB-04-04. A maior similaridade foi encontrada em 83,8% entre ABR-02-23 e Pb-Sadabahar. O genótipo GOB-1 apresentou 67,5% de similaridade com JBR-2-11, GBL-1 e KS-331 (Tabela 4.19).

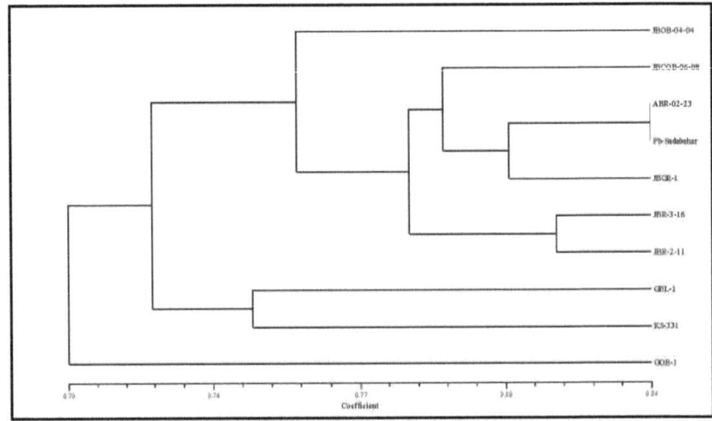

Fig.4.16: Dendrograma representando a relação genética entre 10 genótipos de brinjal com base em

dados combinados de marcadores bioquímicos e moleculares

Quadro 4.19: Coeficiente de similaridade de Jaccard de 10 genótipos de brinjal calculado a partir de dados combinados de marcadores bioquímicos e moleculares

	JBOB-04-04	JBCOB-06-08	JBR-3-16	JBR-2-11	ABR-02-23	Pb-Sadabahar	JBGR-1	GBL-1	KS-331	GOB-1
JBOB-04-04	1.000									
JBCOB-06-08	0.772	1.000								
JBR-3-16	0.746	0.789	1.000							
JBR-2-11	0.702	0.754	0.816	1.000						
ABR-02-23	0.785	0.794	0.794	0.768	1.000					
Pb-Sadabahar	0.798	0.789	0.789	0.816	0.838	1.000				
JBGR-1	0.732	0.785	0.776	0.768	0.816	0.794	1.000			
GBL-1	0.719	0.702	0.763	0.702	0.706	0.754	0.689	1.000		
KS-331	0.728	0.693	0.711	0.719	0.732	0.754	0.741	0.746	1.000	
GOB-1	0.728	0.746	0.667	0.675	0.706	0.719	0.732	0.675	0.675	1.000

O padrão de agrupamento dos dados bioquímicos e moleculares combinados foi considerado, na sua maioria, semelhante ao padrão dos dados moleculares combinados (RAPD, ISSR e SSR). O genótipo GOB-1 tem uma forma de fruto oblonga, com uma cor púrpura-escura, e também apresenta a maior altura de planta. Este genótipo foi encontrado sozinho na maioria dos padrões de agrupamento com outros 9 genótipos.

RESUMO E CONCLUSÕES

A experiência realizada sobre a "Caracterização de genótipos de Brinjal (*Solanum melongena* L.) através de marcadores bioquímicos e moleculares" no Departamento de Biotecnologia, JAU, Junagadh durante 2010-2011, é resumida e concluída neste capítulo. O material experimental era composto por 10 genótipos de brinjal pertencentes ao género *Solanum*.

A couve-brinjal é originária da Índia. Existem 3 variedades botânicas principais da espécie *melongena*. A variedade comum de beringela, com frutos grandes, redondos ou em forma de ovo, está agrupada na var. *esculentum*. As variedades longas e delgadas estão incluídas na var. *serpentinum* e as plantas anãs de brinjal estão incluídas na var. *depressum*. Trata-se de uma cultura *solanácea* com número de cromossomas 2n = 24. A Índia e a China são os dois países que lideram os centros de cultivo primário e têm a produção mais elevada.

Atualmente, as caraterísticas morfológicas são geralmente utilizadas para diferenciar as cultivares de brinjal. No entanto, a caraterização baseada em caraterísticas fenotípicas não é fiável, uma vez que estas podem ser afectadas pelas condições ambientais. As isozimas provaram ser marcadores simples e fiáveis, uma vez que a eletroforese de enzimas vegetais é mais rápida do que os testes de campo e pode ser detectada com uma pequena quantidade de extractos de tecidos vegetais. Constitui uma base bioquímica válida para a identificação de variedades e pode ser utilizada como prova legítima de novidade. Em comparação com os marcadores morfológicos e bioquímicos, os marcadores moleculares são dignos de nota porque não são afectados por alterações ambientais ou fases de crescimento, detectam mais variações, não alteram a morfologia e são simplesmente herdados. Entre os marcadores baseados no ADN, os marcadores arbitrários como RAPD, ISSR e SSR são úteis para a caraterização molecular, uma vez que não requerem informação prévia sobre o genoma alvo. Tendo em conta o que precede, foi planeada a presente investigação.

Entre dez genótipos de brinjal, foram determinados seis caracteres quantitativos a nível morfológico. A altura mais elevada das plantas foi observada no GOB-1, a maior dispersão das plantas, o número de ramos, o peso dos frutos, o comprimento dos frutos e a maior circunferência dos frutos foram observados, respetivamente, nos genótipos JBOB-04-04, KS-33104, JBCOB-06-08, Pb-Sadabahar e JBGR-1, enquanto o número mais baixo de ramos, a altura das plantas, o peso dos frutos, o comprimento dos frutos e a circunferência dos frutos foram observados, respetivamente, nos genótipos JBR-3-16, JBOB-04-04, ABR-2-23, JBGR-1 e JBOB-04-04.

No total, foram estudados quinze caracteres qualitativos em genótipos de brinjal. O genótipo JBOB-04-04 apresentou um ângulo de ponta da lâmina foliar muito agudo, enquanto os genótipos JBR-2-11, Pb-Sadabahar e KS-331 apresentaram uma corola violeta. No caso do hábito de crescimento, JBCOB-06-08 e GOB-1 apresentavam um crescimento semi-alastrante, enquanto JBR-3-16 apresentava um pecíolo longo e frutos ovais. O genótipo GBL-1 apresentava espinhos no pecíolo e o ABR-02-23 apresentava lóbulos da lâmina foliar muito fracos. No caso do genótipo JBGR-1, este apresentou frutos verdes, de forma oval e com espinhos na tampa do fruto. Na análise de agrupamento, a maior similaridade de 62% foi encontrada entre os genótipos GOB-1 e JBR-2-16, enquanto a menor similaridade foi encontrada entre JBGR-1 e GBL-1.

Foram efectuados estudos isoenzimáticos para análise da diversidade aos 9 DAG. O perfil da peroxidase, esterase, PPO e SOD mostrou diferenças significativas e fornece informações úteis para a identificação de genótipos de brinjal. Foi gerado um total de 8 alelos por isozimas de peroxidase aos 9 DAG em genótipos de brinjal. A mobilidade relativa variou entre 0,052-0,440 para as isozimas da peroxidase, com 37,5% de polimorfismo. Para as isoenzimas de esterase, observou-se um total de 6 bandas com uma mobilidade relativa de 0,208 a 0,406. O padrão de bandas revelou um polimorfismo de 13,71%. Nas isozimas da PPO, observou-se um total de 9 bandas com uma mobilidade relativa de 0,182-0,913 com 66,6% de polimorfismo. Obteve-se um total de 6 bandas das isozimas SOD com mobilidade relativa entre 0,176 e 0,891, com 66% de polimorfismo.

Foi efectuada uma análise combinada das isoenzimas peroxidase, esterase, PPO e SOD. Nela, a similaridade variou de um mínimo de 55,2% a um máximo de 93,1%. A análise de agrupamento indicou que o genótipo JBR-2-11 tinha uma variabilidade máxima quando comparado com outros genótipos.

Para a determinação do perfil proteico, as proteínas foram extraídas de plântulas de brinjal utilizando tampão fosfato 0,1M (pH 7,2). As plântulas de 9 DAG apresentaram 71% de polimorfismo, o que sugere que o padrão de bandas de proteínas pode ser utilizado para a caraterização de genótipos de brinjal. A mobilidade relativa do total de 7 bandas de proteínas variou de 0,272-0,965. Foi efectuada uma análise combinada das isoenzimas e do perfil proteico. Foi revelado que o genótipo JBR-2-11 apresenta a maior variabilidade em relação a outros genótipos.

No presente estudo, a diversidade genética presente a nível molecular em dez genótipos de brinjal foi estudada utilizando marcadores RAPD, ISSR e SSR. Os dados RAPD revelaram um total de 112 bandas, das quais 82 eram polimórficas, com uma média de 4,3 bandas por iniciador, e o valor PIC variou entre 0,498 e 0,877. Um dendrograma RAPD baseado na análise UPGMA agrupou os dez genótipos de brinjal em dois grupos principais A e B, com o coeficiente de semelhança de Jaccard a variar entre 0,560 e 0,770. O dendrograma construído com base nos dados agrupados dos loci RAPD distinguiu claramente todos os genótipos, indicando que os genótipos Pb-Sadabahar e JBOB-04-04 se encontravam num único grupo com um máximo de 76% de semelhança. O RAPD revelou que o GOB-1 apresentou uma variabilidade máxima em comparação com outros nove genótipos e partilhou uma semelhança mínima de 56% com outros genótipos. A variabilidade molecular no GOB-1 pode estar correlacionada com caraterísticas morfológicas, uma vez que este genótipo apresentou a maior altura de planta. Para os dados RAPD, foi obtido um valor r de 0,868, que se situa numa boa escala.

Para a análise ISSR, foram utilizados 10 primers ISSR que produziram um total de 70 bandas em dez genótipos de brinjal, das quais 46 bandas eram polimórficas. O tamanho variou de 113-3744 pb. Os valores de PIC variaram de 0,749 a 0,877, com uma média de 0,824. Um dendrograma baseado na análise UPGMA de dez genótipos de brinjal gerados por dados moleculares ISSR agrupados deu origem a dois grupos principais, os grupos A e B. O coeficiente de similaridade de Jaccard variou de 68% a 93%. Assim, os resultados indicaram que a semelhança máxima foi encontrada (92,8%) entre Pb-Sadabahar e JBGR-1, enquanto a semelhança mínima (56,5%) foi obtida entre GOB-1 e GBL-1. Para os dados ISSR, foi obtido um valor r de 0,871, que se situou na melhor escala. Os 10 primers SSR produziram 10 bandas em dez genótipos, dos quais cinco eram 100% polimórficos.

No caso da análise SSR, um total de 10 primers SSR produziu 10 bandas em dez genótipos, dos quais cinco primers apresentaram 100% de polimorfismo. Entre eles, o tamanho máximo do alelo amplificado foi de 475 pb e o tamanho mínimo do alelo amplificado foi de 84 pb. Um dendrograma baseado na análise UPGMA para dados SSR mostrou o coeficiente de similaridade de Jaccard de 63,6% a 100%. Para os dados SSR, foi obtido um valor r de 0,911, que se situa na melhor escala.

Os dados RAPD, ISSR e SSR foram combinados para a análise de agrupamento UPGMA. O coeficiente de similaridade variou de 68% a 82%. O dendrograma construído com os dados combinados de RAPD, ISSR e SSR distinguiu todos os genótipos em dois grupos. Assim, revelou-se que, dos dez genótipos, o GOB-1 era altamente variável.

A análise conjunta de todos os marcadores bioquímicos e moleculares mostrou que a semelhança variava entre 68% e 83%. O padrão de agrupamento dos dados bioquímicos e moleculares agrupados foi considerado, na sua maioria, semelhante ao padrão dos dados moleculares combinados (RAPD, ISSR e SSR). A análise combinada de todos os marcadores bioquímicos e moleculares revelou que, dos dez genótipos, Pb-Sadabahar e JBR-02-23 eram os mais semelhantes. Este mesmo resultado de padrão de agrupamento também foi encontrado entre os genótipos Pb-Sadabahar e JBR-02-23 pela análise de agrupamento de isoenzimas combinadas.

O genótipo GOB-1 tem uma forma de fruto oblonga com uma cor púrpura-escura e também apresenta a maior altura de planta. Este genótipo foi encontrado sozinho na maioria dos padrões de agrupamento com outros 9 genótipos.

REFERÊNCIAS

Amini, F., Ehsanpour, A. A., Hoang, Q. T. e Shin, J. S. (2007). Alterações do padrão proteico no tomate sob stress salino in vitro. *Jornal Russo de Fisiologia Vegetal*, **54(4)**: 464-471.

Anderson, J . A., Churchill, G. A., Sutrique, J. E., Tanksley, S. D. e Sorrels, M. E. (1993). Otimização da seleção parental para mapas de ligação genética. *Genoma*, **36**: 181-186.

Azeez, M. A. e Morakinyo, J. A. (2004). Caracterização electroforética de proteínas foliares brutas em cultivares *de Lycopersicon* e *Trichosanthes. Jornal Africano de Biotecnologia*, **3**: 585-587.

Babitha, M.P., Bhat, S.G., Prakash, H.S. e Shetty, H.S. (2002). Indução diferencial de superóxido dismutase em genótipos de milheto resistentes e susceptíveis ao míldio. *Plant Pathology*, **51**: 480-486.

Bajaj, K. L., Kaur G, e Chadha M. L, (1979). Glycoalkaloid content and other chemical constituents of the fruits of some egg plant (*Solanum melongena L.*) varieties. *Journal of Plant Foods*, **3(3)**: 163-168.

Baoli, Z., Rong L., Yawen F. e Yan N. H. (1998). Aumento do rendimento e prevenção de doenças em berinjela enxertada PPO, SOD, estudo da isozima EST sobre a relação entre. *"Young China Association for 3rd Annual Meeting of Horticulture Horticultural Society of China Satellite Conference and the 2nd Youth Symposium Proceedings".*

Barrera, L. Q., Garcia, C. M., Giraldo, M. C. e Melgarejo, L. M. (2005). Caracterização isoenzimática de acessos de capsicum da coleção amazónica colombiana. *Revista Columbia de biotecnologia*, **7**: 59-65.

Beauchamp, C. e Fridovich, I. (1971). Superóxido dismutase: ensaio melhorado e um ensaio aplicável a géis de acrilamida. *Analytical Biochemistry*, **44**: 276-287.

Bhagowati, R. R. e Changkija, S. (2010). Genetic variability in indigenous brinjal land races of dimapur district of nagaland and their traditional cultivation practices [Variabilidade genética em raças autóctones de brinjal do distrito de dimapur de Nagaland e suas práticas tradicionais de cultivo]. *Indigenous Bio-resource*, **1**: 1-4.

Biswas, M. S., Akhond, M. A. Y., Al-Amin, M., Khatun, M. e Kabir, M. R. (2009). Relação genética entre dez variedades promissoras de beringela utilizando marcadores RAPD. *Plant Tissue Culture & Biotechnology*, **19 (2)**: 119-126.

Chen e Weng (2006). Variação genética na união de enxertos de berinjela. *American Journal of Agriculture & Science*, **1**: 37-41.

Choudhury, B. (1976 a). National Book Trust, Nova Deli, *Vegetables*, **4**: 50-58.

Collonnier, C., Fock, I., Kashyap, V., Rotino, G. L., Daunay, M. C., Lian, Y., Mariska, I. K., Rajam, M. V., Servaes, A., Ducreux, G., e Sihachakr, D. (2001). Aplicações da biotecnologia na beringela. *Plant Cell, Tissue and Organ Culture*, **65**: 91-107.

Concellon, A, Maria, C. A. e Alicia, R. C. (2004). Caracterização e alterações na polifenoloxidase de frutos de berinjela (*Solanum melongena* L.) durante o armazenamento a baixa temperatura. *Química de Alimentos*, **88(1)**: 17-24.

Daunay, M. C., Lester, R. N., Gebhardt, C. H., Hennart, J. W., Jahn, M., Frary, A. e Doganlar, S. (2001). Genetic resources of eggplant (*Solanum melongena L.*) and allied species: *A New Challenge for Molecular Geneticists and Eggplant Breeders*, **5**: 251-274.

Dimitrova, D., Georgiev, O., Valkova, C., Atanassova, B. e Karagyozov, L. (2008). Variabilidade limitada de repetições CTG/CAG no ADN nuclear *de Lycopersicon. Biologia Plantarum*, **52(1)**: 149-152.

Doyle, J. J. e Doyle, J. L. (1990). Isolamento de ADN de plantas a partir de tecido fresco. *Focus*, **12**: 13-15.

Eeswara, J. P. e Peiris, B. C. N. (2001). Isoenzimas como marcador para a identificação de feijão-mungo (*Vigna radiata*). *Ciência e Tecnologia das Sementes*, **29**: 249-254.

Elham, A. A., El-Hady, A., Atef, A., Haiba, A., Nagwa, R., El-Hamid, A. e. Rizkalla, A. (2010). Diversidade filogenética e relações de algumas variedades de tomate por proteína electroforética e análise RAPD. *Journal of American Science*, **6(11)**: 434-441.

Elizabeta, Miskoska-Milevska, Blagica, Dimitrievska, Koo, Poru e Zoran, Popovski. T. (2008). Diferenças nos perfis proteicos das sementes de tomate obtidos por análise SDS-PAGE. *Jornal de Ciências Agrícolas*, **53**: 13-22.

Falcão, J. E. M., Prohens, J., Vilanova, S. Ribas, F., Castro, A. e Nuez, F. (2008). Distinção de uma hortaliça de indicação geográfica protegida (beringela *Almagro*) de variedades estreitamente relacionadas com traços morfológicos selecionados e marcadores moleculares. *Revista de Ciência e Agricultura Alimentar,* **89**: 320-328.

Dados FAOSTAT, (2007). Dados agrícolas. *http://faostat.fao.org*

Frary, A., Doganlar, S. e Daunay, M. C. (2007). "Eggplant", *Genome Mapping and Molecular Breeding in Plants*, **5**: 231-257.

Furini, A. e Wunder, J. (2004). Análise de germoplasma *relacionado com* beringela *(Solanum melongena)*: dados morfológicos e AFLP contribuem para interpretações filogenéticas e utilização de germoplasma. *Teoria da Genética Aplicada*, **108**: 197-208.

Gleddie, S., Keller, W., Setterfield, G. (1986a). Berinjela. In: Evans, D.A., Sharp W.R. (Eds.), *Handbook of Plant Cell Culture,* **3**: 500-511.

Hasan, S. Z. e Mimi, L. I. (1998). Variabilidade na beringela (*Solanum melongena* L.) e nas suas espécies selvagens mais próximas, revelada pela eletroforese de proteínas em gel de poliacrilamida. *Pertanika Journal of Tropical Agriculture Science,* **21**: 113-122.

Isshiki, S., Iwata, N. Khan e M. R. (2008). ISSR variations in eggplant (*Solanum melongena* L.) and related *Solanum* species. *Scientia Horticulturae*, **117(3)**: 186-190.

Jia, Chen, Hui, Wang, Huolin, Shen, Min, Chai, Jisuo, Li, Mingfang, Qi e Wencai, Yang. (2009). Variação genética em populações de tomate de quatro programas de melhoramento revelada por polimorfismo de nucleótido único e marcadores de repetição de sequência simples. *Scientia Horticulturae*, **122**: 6-16.

Kalloo, G. (1993). Beringela (*Solanum melongena)*. In: Kalloo, G. (Ed.), Genetic improvement of vegetable crops. *Pergamon Press Oxford*, 587-604.

Kamel, M. Y. e Ghazy, A. M. (1973). Peroxidases de folhas de *Solanum melongena*. *Phytochemistry*, **12**: 1281-1285.

Karihaloo, J. L., Brauner, S. e Gottlieb, L. D. (1995). Variação do DNA polimórfico amplificado ao acaso na berinjela. *Teoria da Genética Aplicada*, **90**: 767-770.

Kaur, M., Singh, S. e Karihaloo, J. L. (2004). Diversidade de padrões electroforéticos de enzimas no complexo da beringela. *Journal of Plant Biochemistry and Biotechnology*, **13**: 69-72.

Khan, A. S., Rabbani, M. G., Siddique, M. A. e Am, M. A. I. (2009). Estudos sobre a diversidade genética da cabaça pontiaguda utilizando métodos bioquímicos (análise isoenzimática). *Bangladesh Journal of Agriculture Research*, **34(1)**: 123-141.

Khorsheduzzaman, K. M., Alam, M. Z., Rahman, M., Mian, A. K. e Mian, I. H. (2010). Base bioquímica da resistência da beringela (*solanum melongena* L.) a *Leucinodes orbonalis* Guenee e sua correlação com a infestação de rebentos e frutos. *Bangladesh Journal of Agrilture Research*, **35(1)**: 149-155.

Klein-Lankhorst, R. M., Vermunt, A., Weide, T. Liharska, R. e Zabel, P. (2004). Isolamento de marcadores moleculares para o tomate (*L. esculentum*) utilizando ADN polimórfico amplificado aleatoriamente (RAPD). *Genética Teórica e Aplicada*, **83(1)**: 108-114.

Kochieva, E. Z., Ryzhova, N. N., Khrapalova, I. A. e Pukhalskyi, V. A. (2002). Diversidade genética e relações filogenéticas no género *Lycopersicon* (Tourn.) Mill. como revelado pela análise de repetição de sequência inter-simples (ISSR). *Russian Journal of Genetics*, **38**: 958-966.

Koundal, M., Sharma, R. D., Mohapatra, T. e Koundal, R. K. (2006). Estudo da avaliação comparativa da diversidade genética baseada em RAPD em brinjal (*solanum melongena*). *Journal of Plant biochemistry and Biotechnology,* **15**: 15-19.

Laemmli, U. K. (1970). Clivagem de proteínas estruturais durante a montagem da cabeça do bacteriófago T4. *Nature*, **227**: 680-685.

*Lawsande, K. E., e Chavan, J. K., (1998). *Eggplant (Brinjal)* (Handbook of vegetable science and technology editado por Salunkhe, D.K., Kadam, S.S.), 225-243.

Markert, C. L. e Moller, F. (1959). Formas múltiplas de enzimas. *Procedimento da Ciência Académica Nacional*, **45**: 753-63.

Micales, J. A., Bonde, M. R. e Peterson, G. L. (1986). The use of isozyme analysis in fungal taxonomy and genetics. *Mycotaxonomy*, **27**: 407-449.

Muniappan, S., Saravanan, K. e Ramya, B. (2010). Estudos sobre divergência genética e variabilidade para certos caracteres económicos em beringela (*Solanum Melongena* L.). *Revista eletrónica de melhoramento de plantas,* **1(4)**: 462-465.

Nei, N. e Li, W. (1979). Modelo matemático para o estudo da variação genética em termos de endonucleases de restrição. *Actas da Academia Natural das Ciências*, **76**: 5269-5273.

Nothmann, J. e Koller, D. (1973). Efeitos morfogenéticos do stress de baixa temperatura em flores de beringela. *Israel Journal of Botany*, **22**: 231-235.

Nunome, T., Ishiguro, K., Yoshida, T. e Hirai, M. (2001). Mapeamento de caraterísticas de desenvolvimento de forma e cor de frutos em beringela (*Solanum melongena* L.) com base em marcadores RAPD. *Breed Science,* **51**: 19-26.

Nunome, T., Suwabe, K., Iketani, H. e Hiral, M. (2002). Identificação e caraterização de microssatélites em beringela. *Plant Breeding,* **122**: 256-262.

Nunome, T., Negoro, S., Kono, I., Kanamori, H., Miyatake, K, Yamaguchi, H., Ohyama, A. e Fukuoka, H. (2009). Desenvolvimento de marcadores SSR derivados da biblioteca genómica enriquecida com SSR da beringela (*Solanum melongena* L.). *Genética Teórica e Aplicada,* **119(6)**: 143-1153.

Onus, A. N. e Pickersgill, B. (2000). A Study of Selected Isozymes in *Capsicum baccatum, Capsicum eximium, Capsicum cardenasii* and Two Interspecific F1 Hybrids in *Capsicum* Species. *Turk Journal of Botany*, **24**: 311-318.

Oza, V., Trivedi, S., Parmar, P. e Subramanian, R. B. (2008). Um método simples, rápido e eficiente para o isolamento de ADN genómico de tecido vegetal. *Journal of Cell and Tissue Research*, **8(2)**: 1383-1386.

Panie, T., Kasemsak, P., Karnda, T. e Pornpan, P. (1993). Eletroforese de isozimas para verificação varietal em alguns legumes tropicais. *Kasetsart Journal of Natural Science and Supplements*, **27**: 43-51.

Patel, K. V., Talati, J. G. e Bhatanagar, R. (2001). Application of polyacrylamide gel electrophoresis technique for identification of varieties of chilli, tomato, brinjal and bhindi. *Journal of Maharashtra Agricultural University*, **26**: 266268.

Pathmarajah, K. A. B. e Eeswara, J. P. (2005). Caracterização isozimática e morfológica de acessos e cultivares de brinjal (*solanum melongena* L.) disponíveis no Sri Lanka. *Sri Lankan Journal of Agriculture and Science,* **42**: 2033.

Prabhu, M., Natarajan, S., Veeraragavathatham, D. e Pugalendhi, L. (2009). The biochemical basis of shoot and fruit borer resistance in interspecific progenies of brinjal (*Solanum melongena*). *Euopean and Asia Journal of Biological Science,* **3**: 50-57.

Priscila, L. Gratao, Carolina, C., Monteiro, Lazaro, Peres, E. P. e Ricardo, Antunes. Azevedo. (2008). O isolamento de enzimas antioxidantes de plantas maduras de tomateiro (cv. Micro-Tom). *Hortscience*, **43(5)**: 1608-1610.

Pritesh, P., Vishal, P. O., Vaishnavi, C., Patel, A. D., Kathiria, K. B. e Subramanian, R. B. (2010). Estudo da diversidade genética e da impressão digital do ADN do tomate discernido por marcadores SSR. *International Journal of Biotechnology and Biochemistry*, **6(5)**: 657-666.

Prohens, J., Blanca, J. M. e Nuez, F. (2005). Variação morfológica e molecular numa coleção de beringelas de um centro secundário de diversidade: implicações para a conservação e o melhoramento. *Journal of American Society of Horticulture Science*, **130**: 54-63.

Rajput, S. G., Wable, K. J., Sharma, K. M., Kubde, P. D. e Mulay, S. A. (2006). Reprodutibility testing of RAPD and SSR markers in Tomato (Teste de reprodutibilidade de marcadores RAPD e SSR em tomate). *Jornal Africano de Biotecnologia*, **5(2)**: 108-112.

Rohlf, F. J. (1998). NTSYS-pc. Sistema de taxonomia numérica e análise multivariada, versão 2.02. Exter Software, Setauket, NY.

Sadasivam, S. e Manickam, A. (1992). Métodos bioquímicos. New Age International (P) Limited, Publishers. Pp 55-60.

Samuel, Asgedoma, Ben, Vosman, Paul, C., Struik e Danny, E. (2002). Analysis of diversity among and heterogeneity within tomato cultivars from Eritrea. *Teoria e Genética Aplicada*, **102**: 801-809.

Saskia, S. P., Khalil, K., Hadas, S., Jossi, H. e Uri, L. (2002). Geração e mapeamento de AFLP, SSRs e SNPs em *Lycopersicon esculentum*. *Cellular & molecular biology letters*, **7**: 583-597.

Sayed, M., Zai, Hasan. e Mimi, Linda. Isai. (1998). Variabilidade da beringela *(Solanum melongena* L.) e das espécies selvagens mais próximas, revelada pela eletroforese em gel de poliacrilamida das proteínas das sementes. *Pertanika Journal of Tropical Agriculture Science*, **21(2)**: 113 -122.

Singh, A. K., Singh, M., Singh, R., Kumar, S. e Kallo, G. (2006). Genetic diversity within the genus *Solanum* as revealed by RAPD markers (Diversidade genética no género *Solanum* revelada por marcadores RAPD). *Ciência atual*, **99**: 711-715.

Solomon, Benor, Mengyu, Zhang, Zhoufei, Wang e Hongsheng, Zhang. (2008). Avaliação da variação genética em linhas puras de tomate (*Solanum lycopersicum* L.) utilizando marcadores moleculares SSR. *Journal of Genetics and Genomics*, **35**: 373-379.

Stagel, A., Portis, E., Toppino, L., Giuseppe, L. R. e Sergio, L. S. (2008). Desenvolvimento de microssatélites baseados em genes para mapeamento e estudos de filogenia em berinjela. *Genómica*, **9**: 357-362.

*Tanksley, S. D. (1984). Relações de ligação e localizações cromossómicas de genes codificadores de enzimas no pimento, *Capsicum annuum*. *Chromosama*, **89**: 352360.

Tiwari, K. S., Karihaloo, L. J., Hameed, N. e Gaikwad, B. A. (2009). Caracterização molecular de cultivares de brinjal (*Solanum melongena* L.) utilizando marcadores RAPD e ISSR. *Journal of Plant Biochemistry and Biotechnology*, **18**: 189-195.

Toppino, L., Zennella, G., Rizza, F., D'alessandro, A., Sihachakr, D. e Rotinoissr, L. G. (2008). A caraterização isoenzimática de dihaploides androgenéticos revela herança tetrasómica em híbridos somáticos tetraploides entre *Solanum melongena* e *Solanum aethiopicum* do grupo Gilo. *Journal of Heredity*, **99**: 304-315.

Trojanowska, M. R, e Bolibok, H. (2004). Caraterísticas e comparação de três classes de marcadores baseados em microssatélites e sua aplicação em plantas. *Literatura sobre células, moléculas e biotecnologia*, **9**: 221-238.

Tumbilen, Y., Frary, A., Daunay, M. C. e Doganlar, S. (2009). Aplicação de EST-SSRs para examinar a diversidade genética da beringela e dos seus parentes próximos. *Turkey Jouranl of Biology*, **35**: 125-136.

Tuwafe, S., Kahier, A. L., Boe, A. e Ferguson, M. (1988). Herança e distribuição geográfica de polimorfismos de alozimas no grão-de-bico (*Cicer arietinum* L.). *Journal of Heridity*, **79(3)**: 170-174.

Wang, J., Gao, T. e Knapp, S. (2008). A literatura chinesa antiga revela os caminhos da domesticação da beringela. *Anais de Botânica*, **102**: 891-897.

Zietkiewicz, E., Rafalski, A. e Labuda, D. (1994). Genome fingerprinting by simple sequence repeat (SSR) -anchored polymerase chain reaction amplification. *Genomics*, **20**: 176-183.

Zubaida, Yousaf, Shahid, Masood, Zabta, Khan,. Shinwari, Mir, Ajab. Khan. e Ashiq, Rabani. (2006). Avaliação do estatuto taxonómico de espécies medicinais dos géneros *Solanum* e *Capsicum* com base na eletroforese em gel de poliacrilamida. *Pakistan Journal of Botany*, **38(1)**: 99-106.

*Referência original não vista

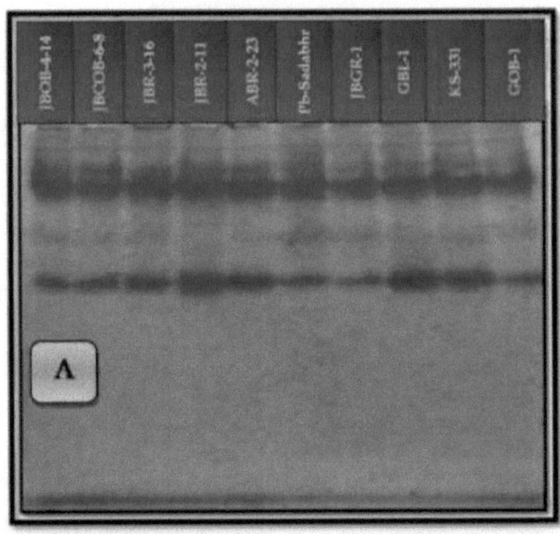

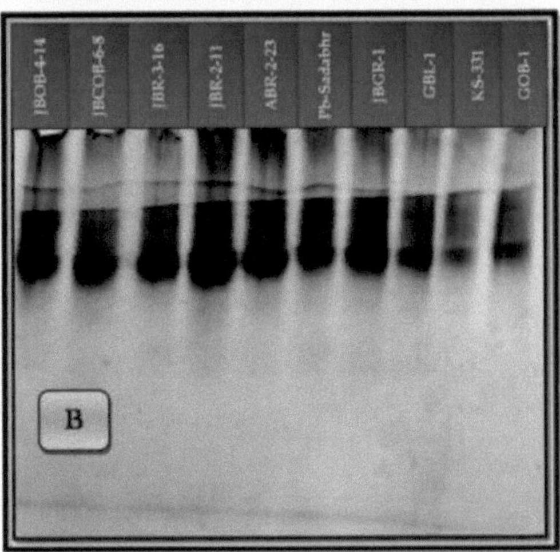

Placa 42: Zimograma ou (A) isozima Peroxidase e (B) isozima Esterase obtido aos 9 dias de plântula

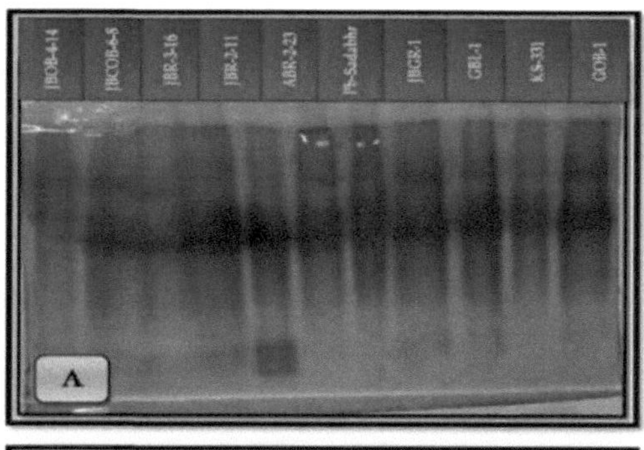

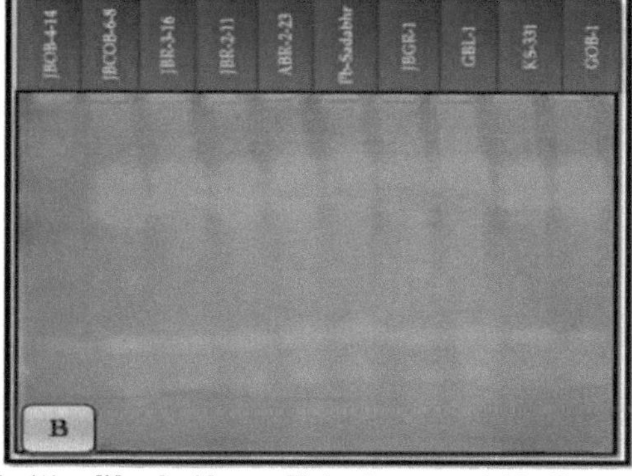

Placa 43: Zimograma da (A) polifenoloxidase e (B) isozima superóxido dismutase obtido aos 9 dias de plântula

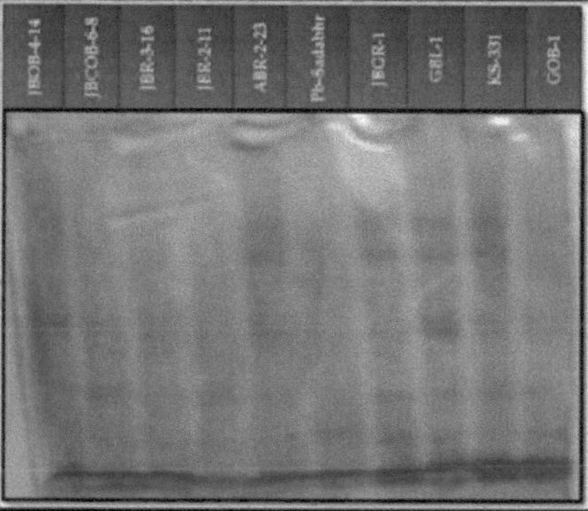

Placa 44: Perfil proteico gerado por eletroforese em gel de poliacrilamida aos 9 DAG de genótipos de brinjal

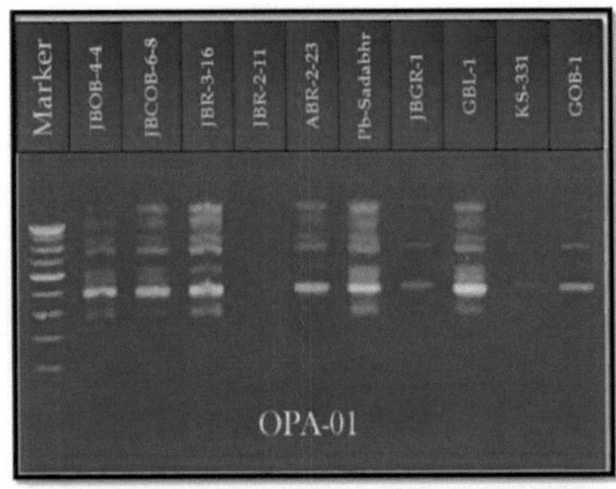

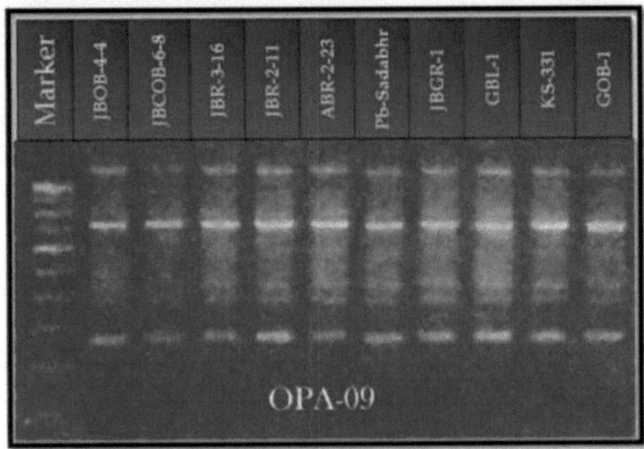

Placa 4.5: Eletroforese em gel de agarose dos produtos amplificados obtidos com os iniciadores RAPD OPA-Ol e OPA-09 em comparação com uma escada de ADN de 1 kb

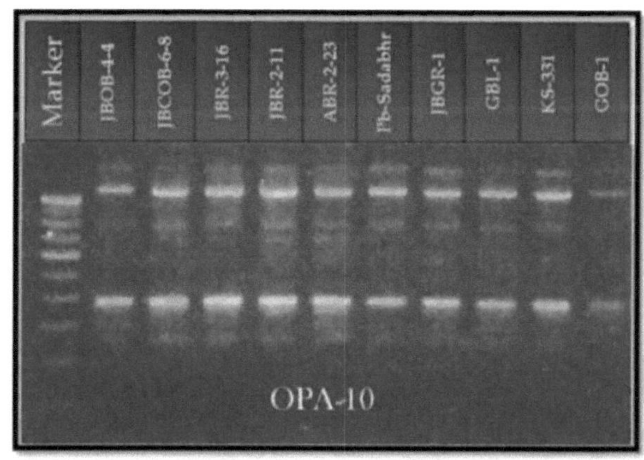

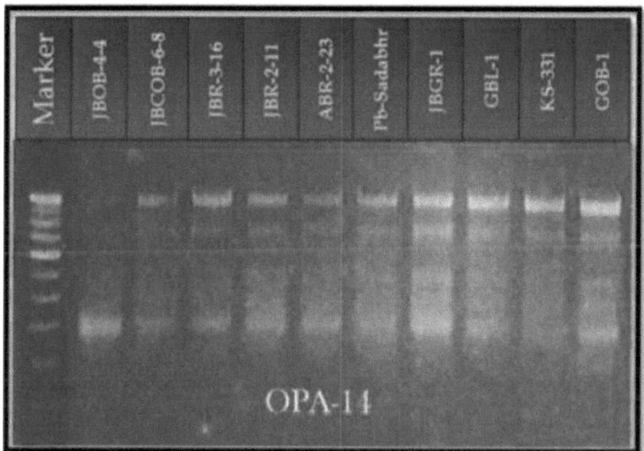

Placa 4.6: Eletroforese em gel de agarose dos produtos amplificados obtidos com os primers RAPD OPA-19 e OPA-14 em comparação com a escada de ADN de 1 kb

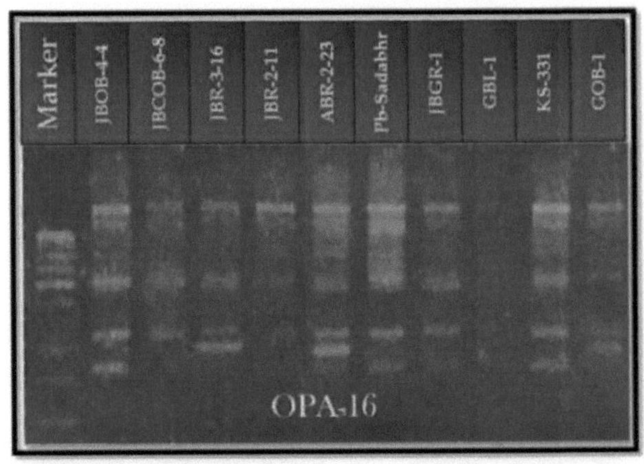

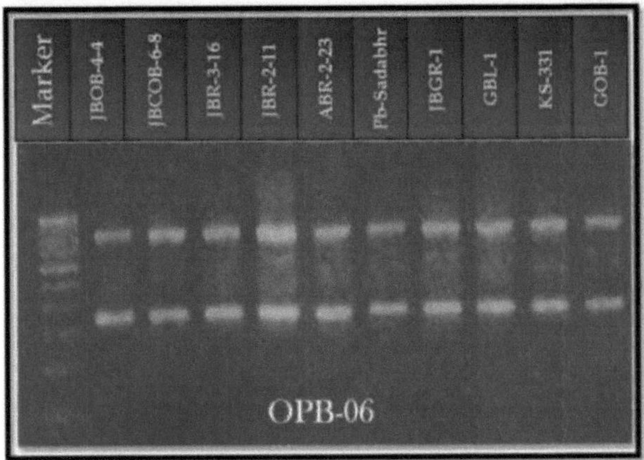

Placa 4.7: Eletroforese em gel de agarose dos produtos amplificados obtidos com os iniciadores RAPI)
OPA-16 e OPB-06 em comparação com a escada de ADN de 1 kb

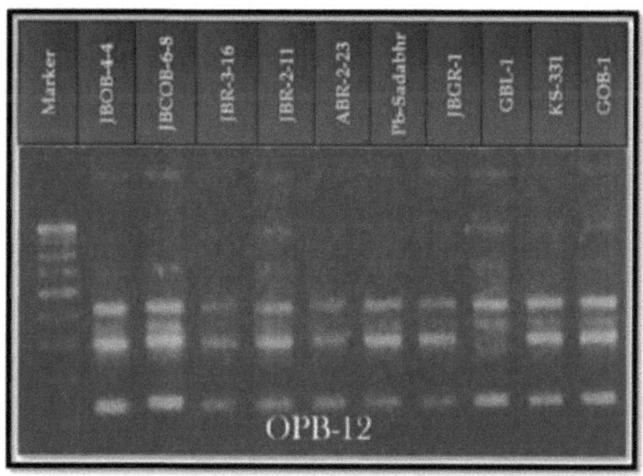

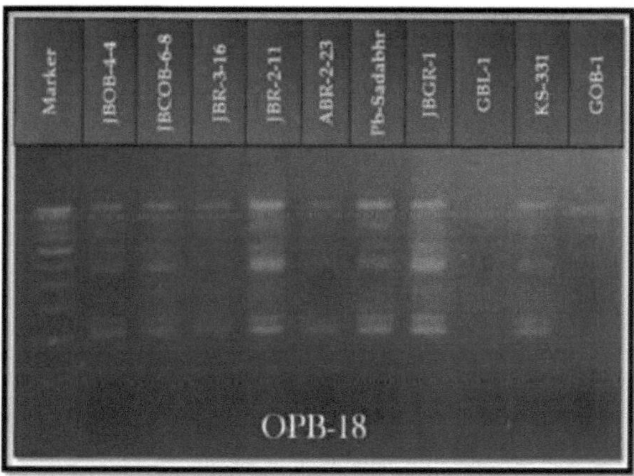

Placa *4J8:* **Eletroforese em gel de agarose dos produtos amplificados obtidos com os iniciadores RAPI) OPB-12 e OPB-18 em comparação com uma escada de ADN de 1 kb**

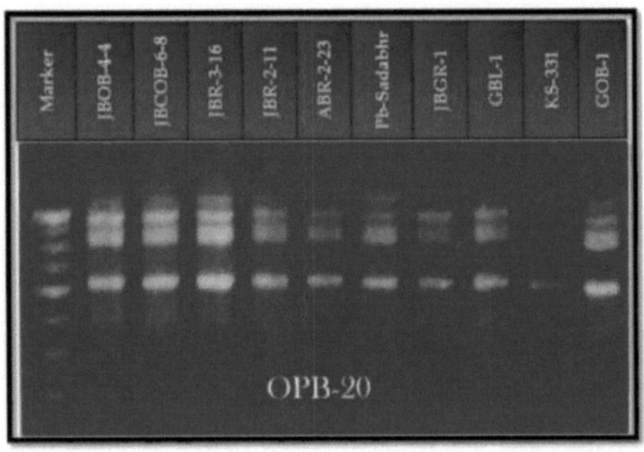

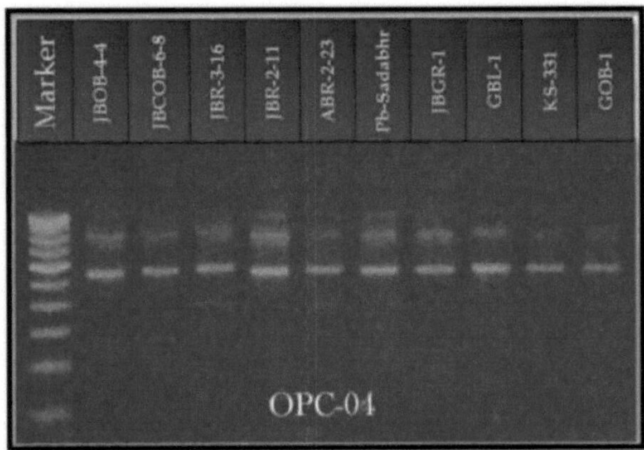

Placa 4.9: Eletroforese em gel de agarose dos produtos amplificados obtidos com os iniciadores RAPI) OPB-20 e OPC-04 em comparação com a escada de ADN de 1 kb

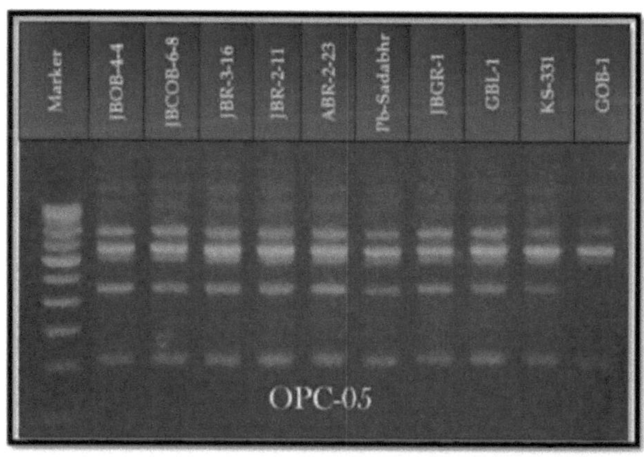

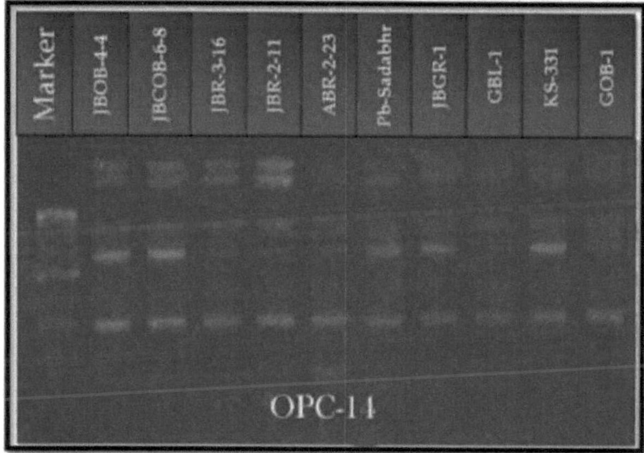

Placa 4.10: Eletroforese em gel de agarose dos produtos amplificados obtidos com os iniciadores RAPD OPPC-05 e OPC-14 em comparação com uma escada de ADN de 1 kb

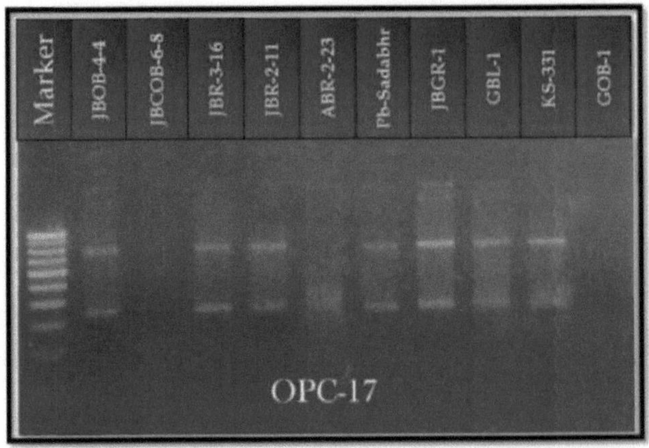

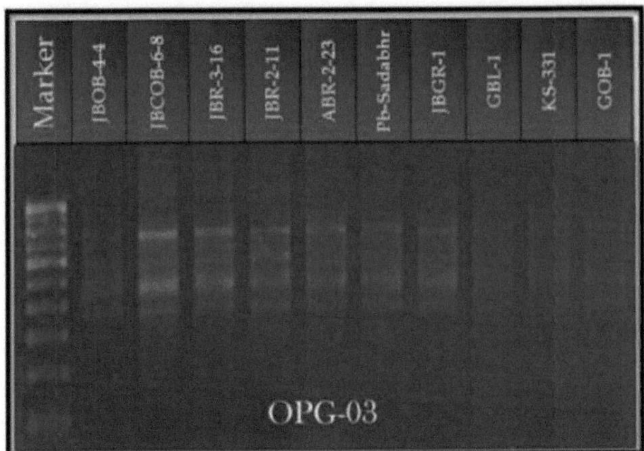

Placa 4.11: Eletroforese em gel de agarose dos produtos amplificados obtidos com os iniciadores RAPD OPC-17 e OPG-03 em comparação com uma escada de ADN de 1 kb

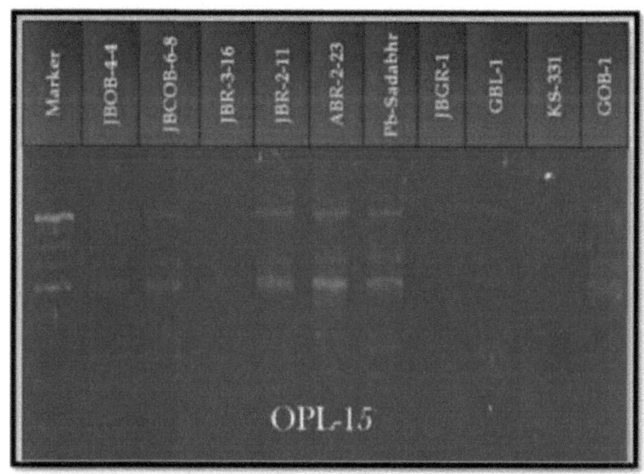

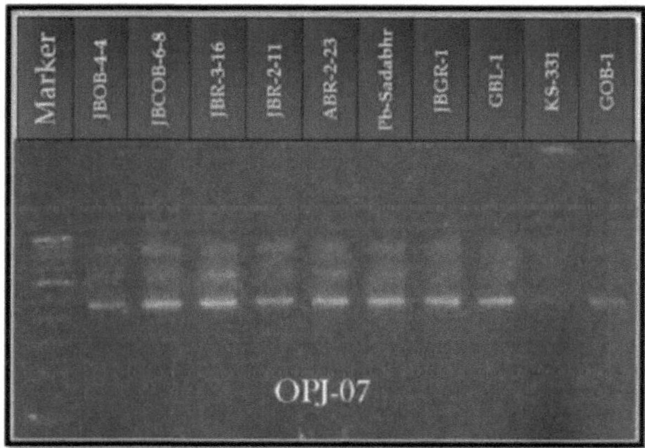

Placa 4.12: Eletroforese em gel de agarose dos produtos amplificados obtidos com os iniciadores RAPD OPL-15 e OPJ-07, comparados com uma escada de ADN de 1 kb

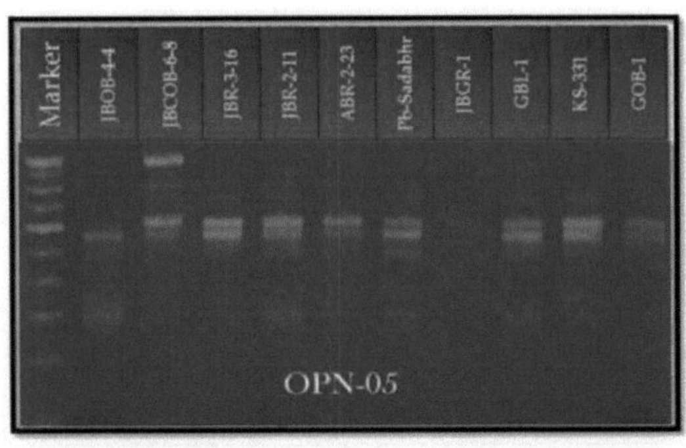

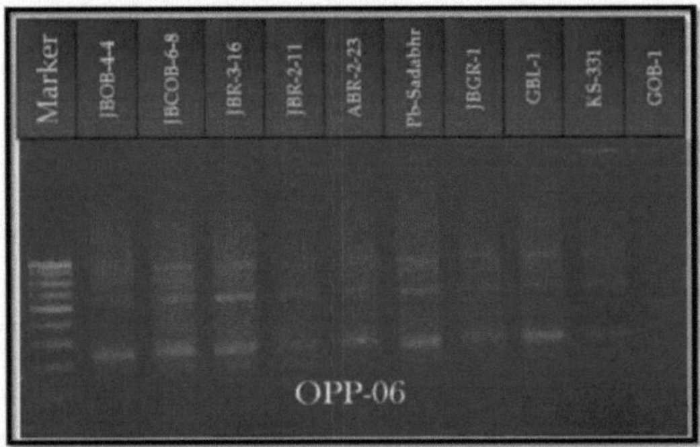

Placa 4.13: Eletroforese em gel de agarose dos produtos amplificados obtidos com os iniciadores RAPI) OPNOS e OPP-06 em comparação com uma escada de ADN de 1 kb

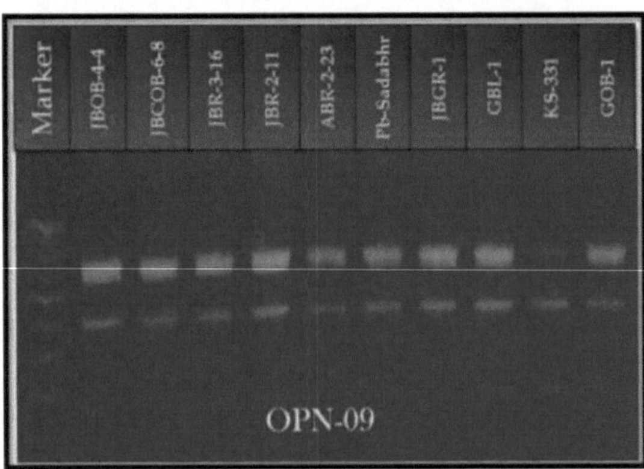

Placa 4.14: Eletroforese em gel de Agaruse dos produtos amplificados obtidos com os primers OPN-09 (RAPI) em comparação com a escada de ADN de 1 kb

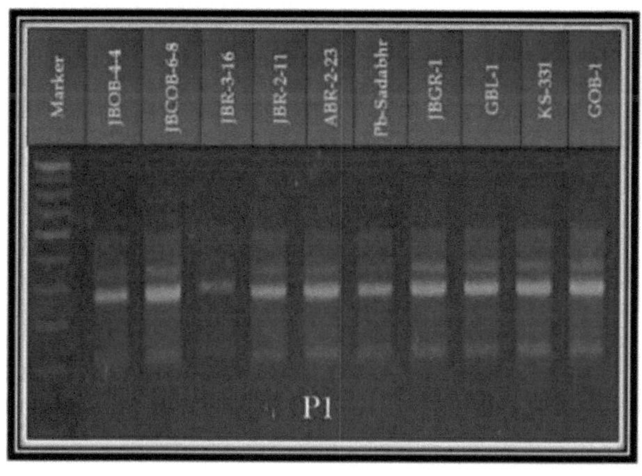

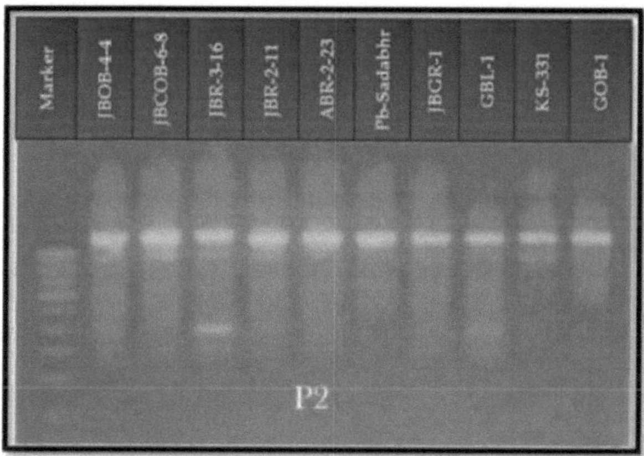

Placa 4.15: Eletroforese em gel de agarose dos produtos amplificados obtidos com os iniciadores 1SSR Pl e 1*2 em comparação com uma escada de ADN de 1 kb

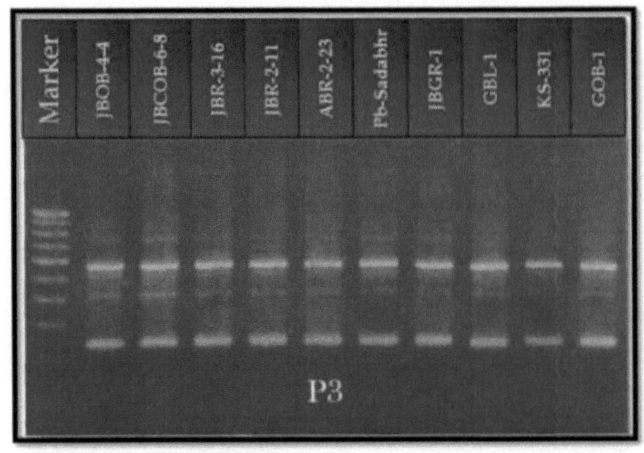

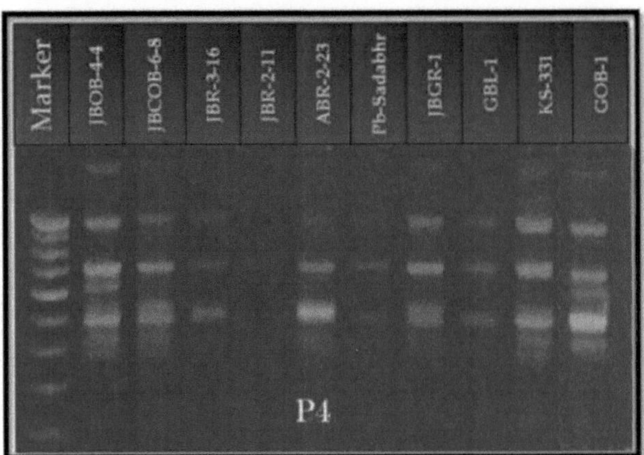

Placa 4.16: Eletroforese em gel de agarose dos produtos amplificados obtidos com os primers P3 e P4 de 1SSR em comparação com a escada de ADN de 1 kb

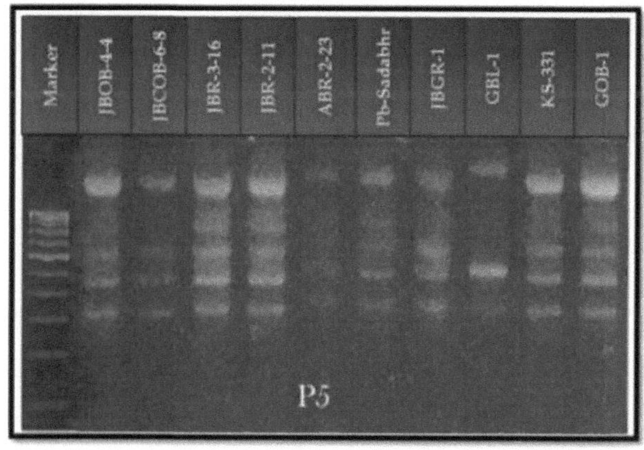

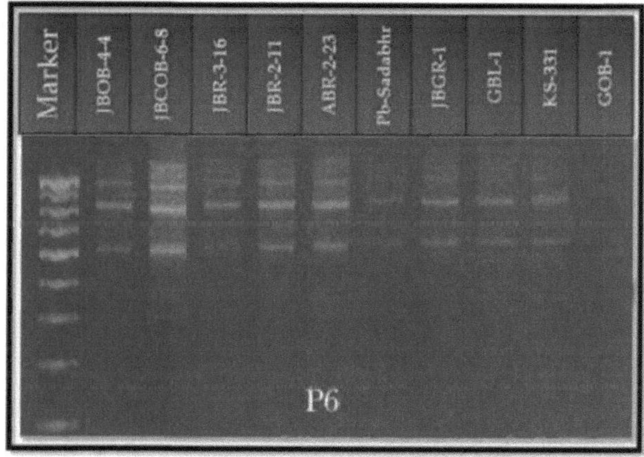

Placa 4.17: Eletroforese em gel de agarose dos produtos amplificados obtidos com os iniciadores ISSR PS E P6 em comparação com uma escada de ADN de 1 kb

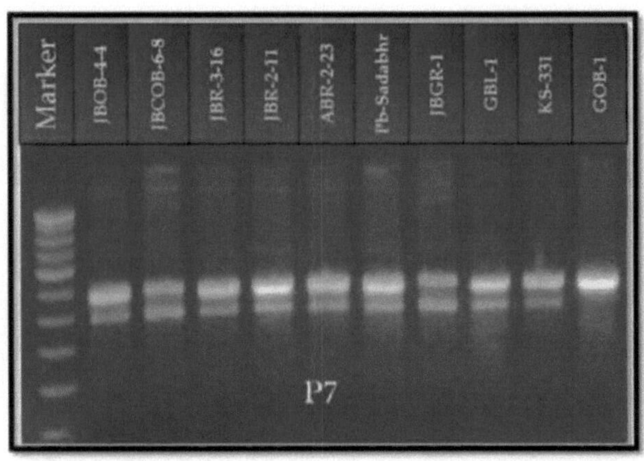

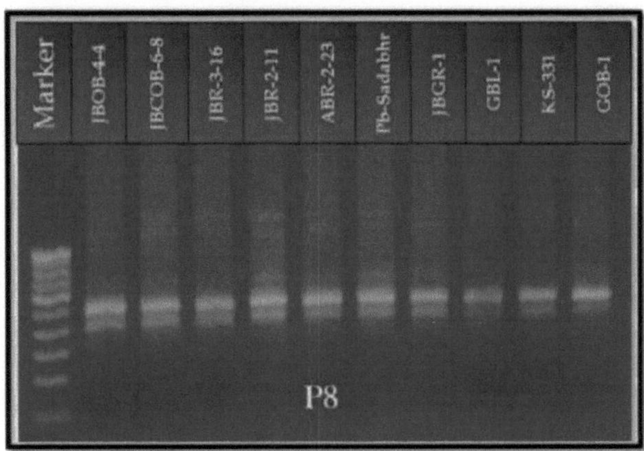

Placa 4.18: Eletroforese em gel de agarose dos produtos amplificados obtidos com os iniciadores ISSR 1*7 E 1*8 em comparação com uma escada de ADN de 1 kb

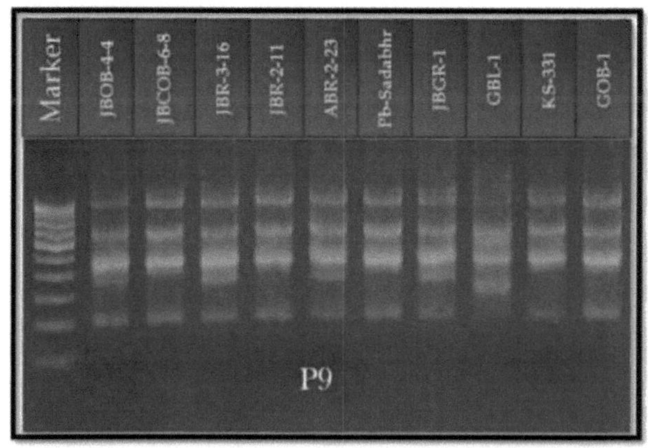

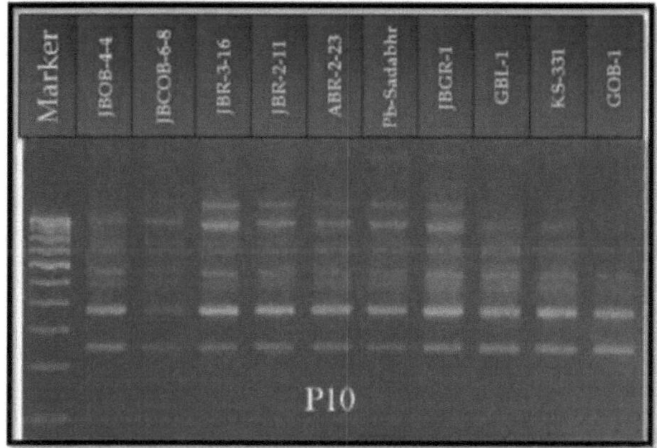

Placa 4.19: Eletroforese em gel de agarose dos produtos amplificados obtidos com os iniciadores ISSR P9 e PIO em comparação com uma escada de ADN de 1 kb

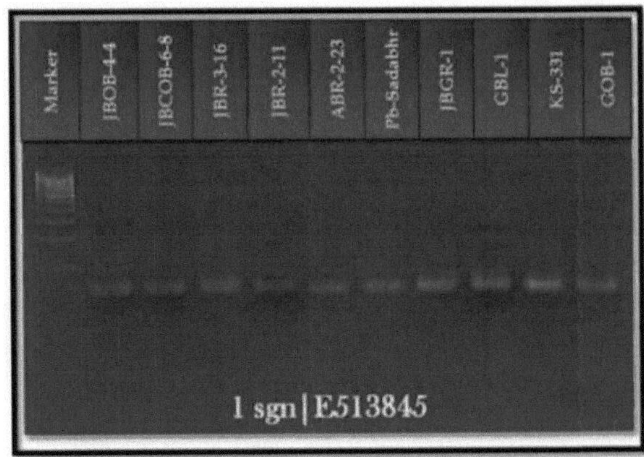

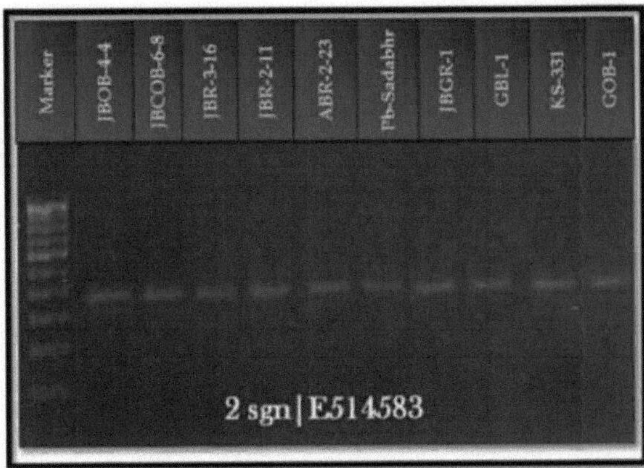

Placa 4.20: Eletroforese em gel de agarose dos produtos amplificados obtidos com os primers SSR sgn|E513845 e sgn|E514583 em comparação com 1 kb l>NA ladder

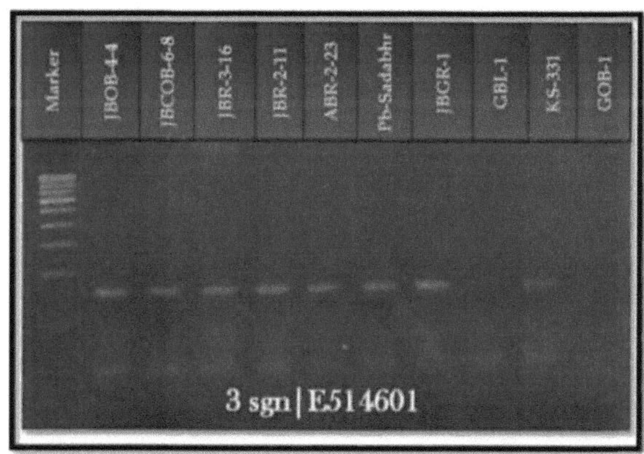

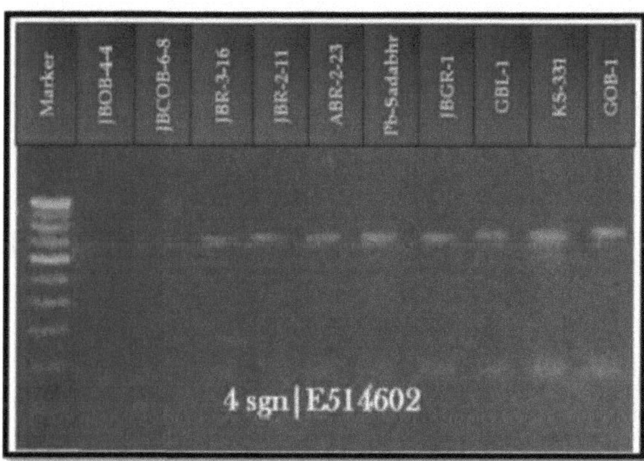

Placa 4.21: Eletroforese em gel de agarose dos produtos amplificados obtidos com os primers SSR sgn|E514601 e sgn| ESI 4602 em comparação com uma escada de ADN de 1 kb

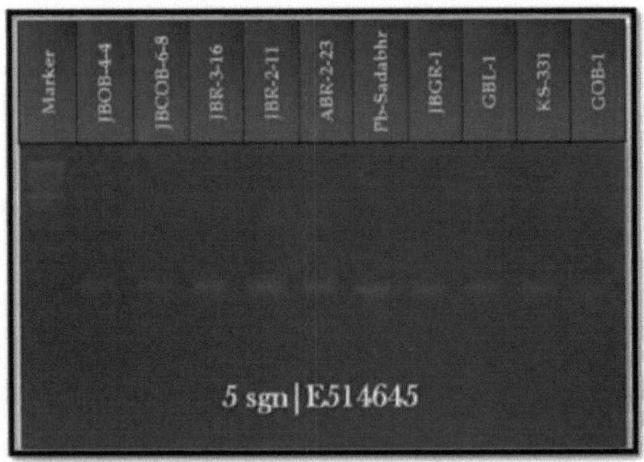

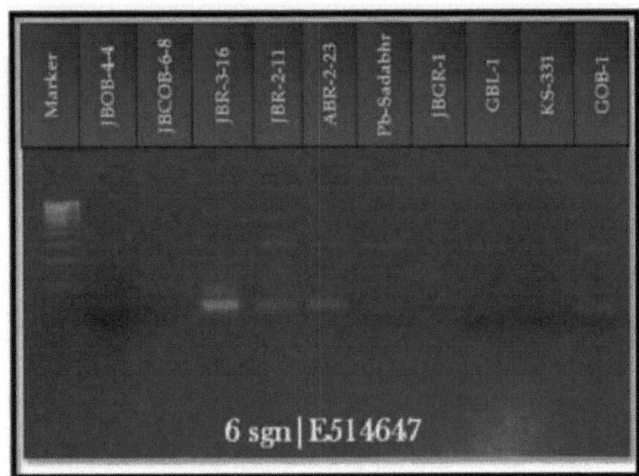

Placa 4.22: Eletroforese em gel de agarose dos produtos amplificados obtidos com os primers SSR sgn| ESI 4645 e sgn|E514647 em comparação com a escada de 1 kb l>NA

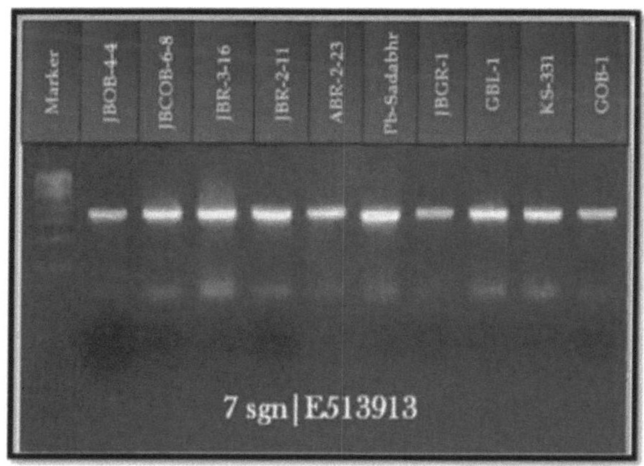

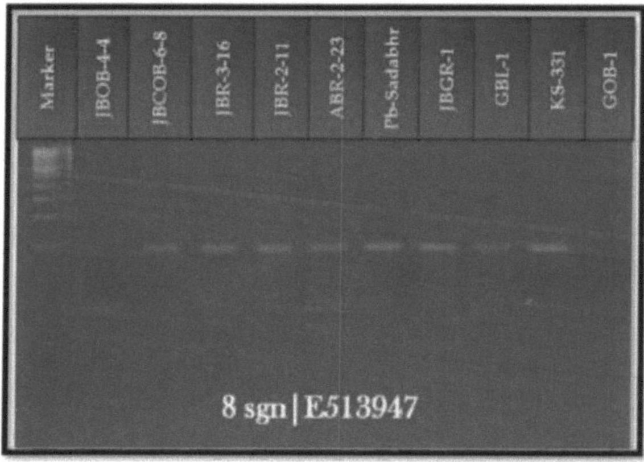

Placa 4.23: Eletroforese em gel de agarose dos produtos amplificados obtidos com os primers SSR sgn|E513913 e sgn| ESI 3947 em comparação com a escada de 1 kb l>NA

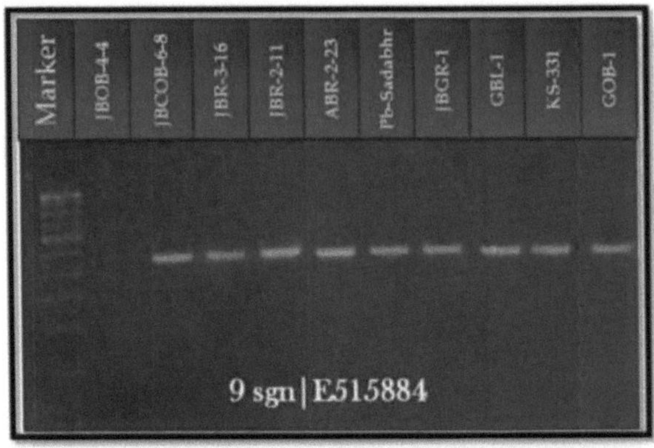

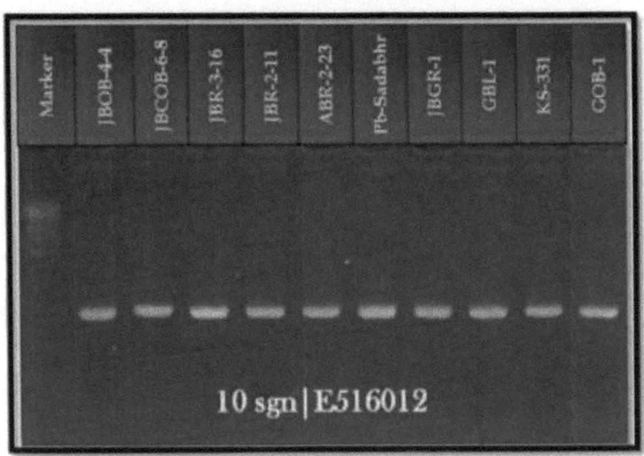

Placa 4.24: Eletroforese em gel de agarose dos produtos amplificados obtidos com os primers SSR sgn|F.51S884 e sgn|E516012 em comparação com a escada de 1 kb l>NA

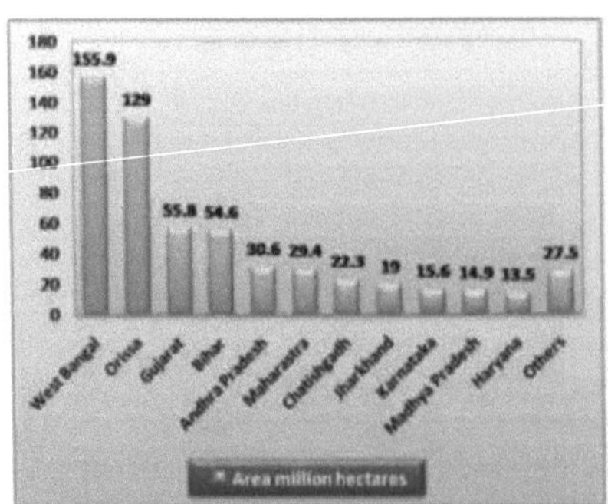

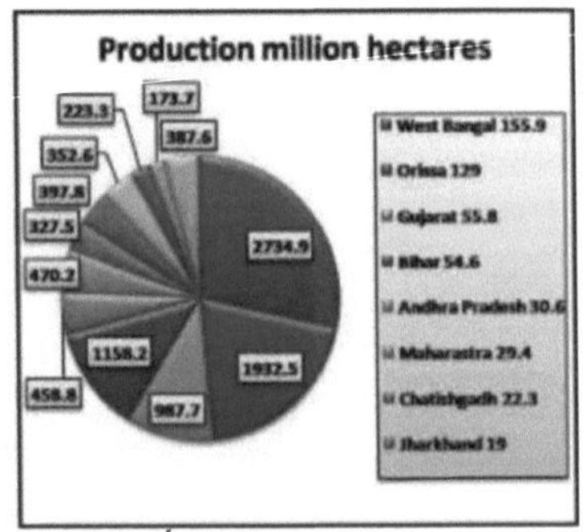

Elate 1.1 Superfície e produção de brinjal na Índia (FAO 2007)
Quadro 1.1 Área e produção de brinjal na Índia (FAO 2007)

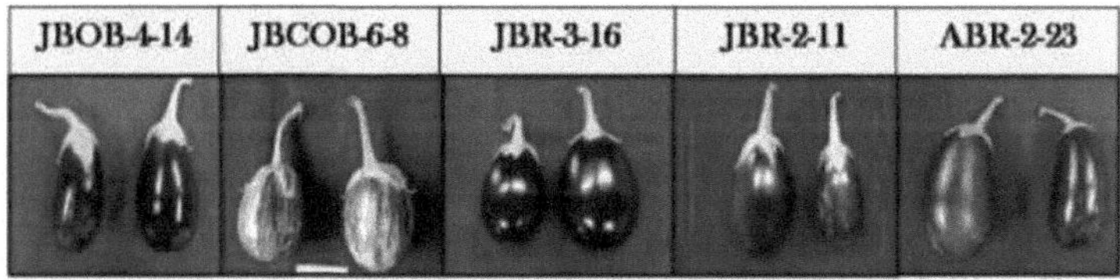

Placa4.1 : Variação morfológica dos frutos de brinjal

Buy your books fast and straightforward online - at one of world's fastest growing online book stores! Environmentally sound due to Print-on-Demand technologies.

Buy your books online at
www.morebooks.shop

Compre os seus livros mais rápido e diretamente na internet, em uma das livrarias on-line com o maior crescimento no mundo! Produção que protege o meio ambiente através das tecnologias de impressão sob demanda.

Compre os seus livros on-line em
www.morebooks.shop

Printed by Books on Demand GmbH, Norderstedt / Germany